新时代工匠
创新法丛书

# “283”技术革新法

段福海◎主编

INNOVATION

中国工人出版社

# 前言

技术革新是决定企业的生存、发展与竞争实力的重要因素。革新方法是技术革新之母，是提升企业自主革新能力、促进企业可持续发展的动力和源泉。

生产一线的员工在工作实践过程中常常会遇到各类技术问题：如何降低劳动强度，提高工作效率；如何完善设备功能，延长设备寿命；如何规避安全隐患，提高安全系数；如何减少环境污染，保护工作和生活环境；如何降低能耗，实现降本增效。这些问题的解决都需要技术革新方法来支撑。能否找到一种适合生产一线员工的创新方法，来指导其解决各类生产技术难题，且易于学习、便于掌握呢？为此，笔者结合多年创新经历及技术革新成果实例，归纳总结出了“283”技术革新法。该革新法来源于现场和实际，能够指导生产一线员工开展技术革新，同时对拓展创新思维、挖掘创新潜力、激发创新灵感、提升创新意识有积极的作用。

本书在编写过程中得到了大庆油田有限责任公司，特别是第四采油厂的领导和同志们的支持和帮助，在此表示衷心的感谢。由于笔者水平、经验有限，书中难免存在不足之处，恳请广大读者批评指正。

编者

2022 年 3 月

# 目录

# 第一章

## 『283』技术革新法的由来

诞生于大庆油田的“283”技术革新法，浓缩了大庆油田开发建设的身影。作者通过 30 多年的工作实践，摸索出在生产实践中开展技术革新的经验，从而总结出“283”技术革新法，在大庆油田有限责任公司乃至全国都产生了较大的影响，推动了全国石油企业员工在岗位上开展技术革新活动。

## 第一节 “283”技术革新法产生的背景

新中国刚成立时，我国石油天然气勘探业由于受到诸多因素影响，发展速度缓慢，我国还依靠进口“洋油”过日子。外国专家经过考察认为中国没有大型油田，断言中国是一个贫油国。1958 年 2 月 27 日，邓小平提出“石油勘探工作，应当从战略方向考虑问题”。为此当时的石油工业部对石油发展战略进行新部署，加强对东北松辽等地石油的勘探力量。地质工作者经过长期野外调查，证实在松辽盆地的地层里存在含有大量古生物化石的暗色地层，这可能是很好的生油层。最早被钻探的松基一井和松基二井只有较薄的生油层，没有油气显示；松基三井（图 1–1）对于松辽盆地是否有油起着决定性作用。地质专家慎重拟定松基三井井位后上报石油工业部。

松基三井于 1959 年 4 月 11 日开钻。同年 9 月 6 日晚上 8 时许，按试油设计要求，工人们对 1357 ~ 1382 米井段射孔，厚度为 13 米。射孔后，井内没有显示有油，井中液面不升反降。技术人员进行现场分析，一致认为很可能是由于钻井液比重过大，导致油层的油水无法正常产出。钻井进行到第二天时，需要提捞诱喷，可是没有提捞筒，当时替液设备紧缺，很多物资无法被运到现场。在这种情况下，负责试油工作的工程师赵声振和工人们借鉴附近老百姓在水井打水时使用提捞水桶的方法（图 1–2），自制钻井液提捞桶（图 1–3）。钻井液提捞桶下行时，靠井筒内液体的压力顶开单流阀，液体自动进入提捞桶内；上提时，井筒内的液体又会把单流阀往下推，堵在提捞桶最下端，使其密闭不漏。经过 20 天的提捞，终于见到效果。1959 年 9 月 26 日，松基三井喷出工业油流

（图 1-4），日产原油 14.9 吨，标志着大庆油田的诞生。自制钻井液提捞桶是大庆油田的第一个技术革新成果，对大庆油田的发现起到了重要作用。

大庆油田的发现向世界宣告“中国依靠‘洋油’过日子的时代一去不复返”，这一历史性事件让中国甩掉了贫油国的帽子。从此，中国的石油工业开始腾飞。

图 1-1　大庆油田松基三井现状

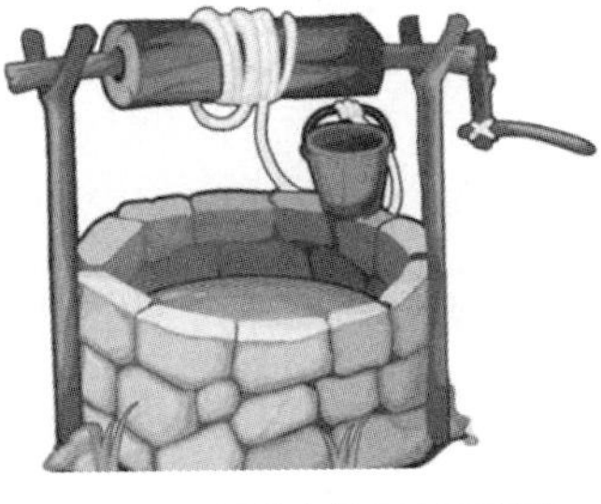

图 1-2　用提捞水桶打水示意图

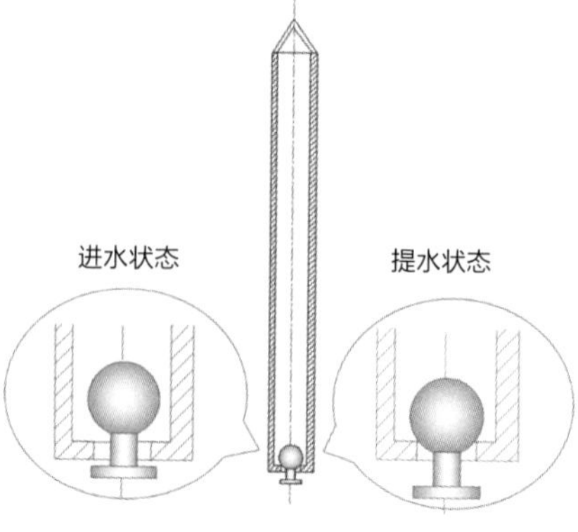


图 1–3　钻井液提捞桶结构

图 1–4　松基三井喷出工业油流

钻井液提捞桶的故事影响了一代又一代的大庆油田石油人。用技术革新成果解决生产实际问题的这一做法，也对大庆油田第四采油厂段福海的工作产生了积极的影响。他在工作的 30 余年中，围绕井站各类生产难题，先后运用多种技术手段，累计研发技术革新成果 200 多项。随着段福海研发的技术革新成果越来越多，在大庆油田第四采油厂的支持和鼓励下，段福海总结了自己在技术革新方面的方法和技巧，以便大家学习应用，让更多的人成为能工巧匠，为企业发展作出更多的贡献。段福海与同事一起开展调查研究活动，把技术革新成果进行分类、整理，查找普遍存在的规律，把总结提炼出的革新方法称为“技术革新小窍门”。2012 年 2 月，在大庆油田第四采油厂技术发展部和相关技术专家的指导和帮助下，经段福海对“技术革新小窍门”进行多次细化、修改和论证后，“283”技术革新法于 2012 年 9 月诞生。

## 第二节 “283”技术革新法的具体内容

“283”技术革新法的含义主要表现在三个数字上，具体内涵包括以下内容。

“2”——寻找革新点的两条途径：直接获得革新点和间接获得革新点。

“8”——解决生产难题的八种方法：组合法、拆分法、牺牲法、移植法、变形法、迂回法、逆反法、仿生法。

“3”——确保成果质量的三项保障措施：研发前的方案

优选、试制中的保障措施、应用后的改进完善。

经过多年实践，“283”技术革新法已经成功地应用于职工技术革新工作中，是一整套较为成熟、系统的解决技术革新问题的方法。从发现问题到应用方法，再到后期保障措施，运用“283”技术革新法就可以解决生产难题，为技术革新提供支撑。

截至 2022 年 7 月，大庆油田应用“283”技术革新法解决生产难题 969 项，获得国家专利 221 个。

# 第二章

## 寻找革新点的两条途径

找到问题是解决问题的前提。有人常说：“找到问题比解决问题更重要，实现技术革新最直接有效的方法就是正确地找出工作当中存在的问题。”“283”技术革新法中的“2”是指寻找革新点的两条途径，即直接获得革新点和间接获得革新点。下面通过大量的生活案例和生产案例对如何直接和间接获得革新点进行生动解读。

日本本田公司很重视发现工作当中存在的问题，提出了“发现问题、抓住问题、解决问题”的工作方式，并且坚持使用这种工作方式 60 年之久。虽然在外人看来，这简直不可思议，但是本田公司的管理层认为这是很自然的事情。他们说：“当一台机器不能正常工作的时候，就要及时发现问题，并找出机器不能正常工作的原因，只有这样才能找到问题的根源，并且迅速解决问题 。”一名优秀的岗位操作员工最重要的工作就是充分发挥自己的聪明才智，努力发现工作当中的问题。事实证明，只有发现了问题之后才有可能正确地分析问题，进而解决问题，并使自己在工作中有更大的发展，不断地获得“阶段性”的成功。

可以把技术革新中发现问题的过程，看作寻找革新点的过程。什么是革新点？革新点包含两层含义：一是必须是问题点，代表在工作中遇到的问题，无论问题大小，都可以被称为“点”；二是必须是革新点，是指可以通过技术革新解决的问题。那些无法解决的问题，只能是问题，而不能被称为革新点。

了解了革新点的定义，在工作中发现它们就变得容易了。寻找革新点是在工作中发现问题、解决问题的重要环节，离开了它，一切都归于零。

## 第一节　直接获得革新点

### 一、概念

直接获得革新点是指在从事生产活动时，让我们直接感受到的需要解决的问题。其表现形式包括操作不方便导致工作效率低下、存在伤人等安全隐患、不符合安全环保规定等。总体来讲，这些问题是我们能直接感受到的，并且能够找到方案加以解决的。这里的主要元素有两个，一是发现问题，二是能够提出解决问题的方案，二者缺一不可，否则不能被称为直接获得革新点。

## 二、生活案例

### 1. 玻璃杯托架的研制

（1）引出问题

每当家中来客人时，热情好客的主人往往会给客人倒上一杯热水或热茶。最初使用的杯子大多为玻璃杯或陶瓷杯，热水倒入杯中后，热量很快传到杯子上，造成杯子烫手拿不住的问题。杯子烫手的问题是我们直接能感受到的，而且这个问题是能够解决的，这就是我们直接获得的革新点。

（2）解决方案

针对这一问题，人们最早采用加厚杯底的方法来解决，以延缓热量传导到玻璃杯底部的时间。但该方法的防烫效果不是很理想，因为人们拿杯子时，并不习惯去握杯底，当不小心碰到杯身时还会烫手。于是，有人又想出了第二种解决办法：在玻璃杯外侧加一个护套。应用后，防烫效果还不错，但在使用过程中又出现了新问题：清洗玻璃杯时很不方便。如果不拆下护套，玻璃杯外侧清洗不干净，时间久了容易积攒污垢，既不美观又不卫生。如果拆下护套进行清洗，以上问题可以解决，但护套比较紧，不太容易拆卸，如果长时间拆卸，护套容易松动、不牢靠，使得玻璃杯有掉落的危险。有没有更好的办法来解决问题呢？

给玻璃杯加装把手能够解决烫手的问题，但在使用过程中，时常发生把手破损的问题，另外一些口径小的玻璃杯还无法加装把手，应该如何解决以上问题呢？能否设计一种可更换的把手，既可与玻璃杯分离以方便清洗，又可与玻璃杯组合在一起防止烫伤。按照这个思路，有人设计出了带把手的玻璃杯托架，可以很好地解决这一问题。其实不论设计出多少种防止烫手的玻璃杯，都是因我们手拿装有热水的玻璃杯烫手而引起的，从而产生了众多解决问题的方案（图 2–1）。

**2. 感温变色勺的研制**

（1）引出问题

贝贝是一个十分可爱的孩子。在她 7 个月大的时候，爸爸拿出用微波炉加热好的辅食给孩子喂食，结果由于食物太热，烫伤了贝贝的嘴。夫妻俩顿时忙乱起来，烫伤宝宝可不

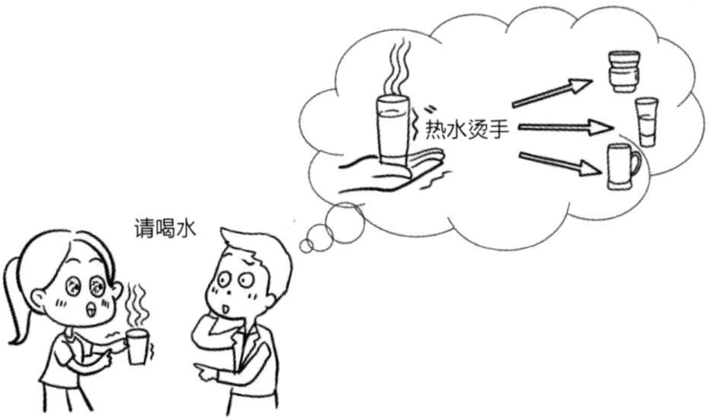


图 2-1　解决玻璃杯烫手的方案

是小事情。孩子被食物烫伤是贝贝爸爸的直接感受，解决孩子被食物烫伤的问题就是贝贝爸爸直接获得的革新点。

（2）解决方案

最初贝贝爸爸采用用温度计测量食物温度的办法来解决问题，但这个方法并不是很方便，是否有更好的办法呢?

贝贝爸爸看看喂饭的勺子，又看看温度计，突然间来了灵感：能不能将这两者组合起来呢？经过多次的选材、设计、测试、修改，他终于制作出了感温变色勺。当食物温度超过 40 摄氏度时，汤勺会变色，以提醒家长食物过热，不适合给孩子食用。这一发明有效解决了因食物过热而容易烫伤孩子的问题（图 2–2）。

图 2-2　解决因食物过热而烫伤宝宝的方法

## 三、生产案例

### 1. 电缆接线盒的研制

（1）引出问题

抽油机是油田生产中的重要设备，大多数被安装在野外，通过输电电缆获得动力保障。由于受到各种外力破坏，一小部分电缆会发生断裂，造成抽油机停机。为了不影响正常生产，我们经常采取对断裂的电缆进行临时连接的办法，再对连接处进行简单的绝缘包扎处理。这样虽然暂时解决了问题，但存在很大的安全隐患。由于电缆处在露天环境，经常风吹日晒，电缆绝缘层容易老化，电缆接线头处容易出现破损现象，使得电缆存在漏电风险，会给行人、放牧的牧民和牲畜带来触电风险。其实，为防止发生触电事故，可以将破损的电缆全部挖出来进行整根更换，不过这样做会导致长时间停机、停产，同时还会造成材料和产量的损失。在这个案例中，漏电风险是我们直接能够感受到的，并且通过改变可以解决的问题，这就是直接获得的革新点。

（2）解决方案

最初的方案是在电缆接线头处加装配电箱，但这个方案很快就被否定了，因为配电箱安装在野外的地面上也不安全，必须加装安全防护，同样存在触电风险。如何能够更好地解决问题呢？

我们受到电缆分线盒结构的启发，思考能否设计出一个埋地接线盒呢？按照这个思路，结合工作环境和安全要求，我们设计出了一个小型的电缆接线盒，将电缆头连接后放入盒中，加上漏电保护装置，浇注绝缘物质固化，然后埋入地下。通过检查和测试，其应用效果很理想，使问题得到彻底解决。该方法的特点是投入少、见效快、安全高效（图 2-3）。

图 2-3　解决地面电缆接线头漏电问题

### 2. 密闭加药装置的研制

（1）引出问题

抽油机井结蜡是普遍存在的问题。结蜡会影响抽油机井的工作效率，增加能耗，严重时还会造成抽油机井因蜡卡而停机。目前，低渗透油田普遍采取加清防蜡剂的方法来预防抽油机井结蜡。

加清防蜡剂的药液时，需要工人抬起药桶，将药液倒入井口加药漏斗内，药液通过加药漏斗流入油井管柱里。在操作过程中，药液完全处于敞口状态，这样就带来了一系列问题。首先，操作工人们要抬起 180 千克的药液铁桶往井口灌药（图 2-4），操作劳动强度大；其次，在敞口状态下，油井套管内的残余气体从加药漏斗处返出，造成倾倒过程中药剂喷溅，污染环境的同时还容易喷溅到工人的身上或脸上，给

图 2-4　药桶倾倒加药方式

工人的健康带来威胁。这种加药方式劳动强度大、药液喷溅造成人身伤害和环境污染是我们的直接感受，利用现有条件是可以解决这个问题的，这就是直接获得的革新点。

（2）解决方案

最初的解决方案是在大铁桶前面罩上一层塑料布（图 2-5），这样喷出来的药液就会被塑料布遮挡住，避免药液喷溅到工人身上。但这种方法在应用过程中效果不够理想：虽然药剂不再喷溅到工人身上，但是还会洒在地上污染环境，而且工人劳动强度大的问题也没有解决。

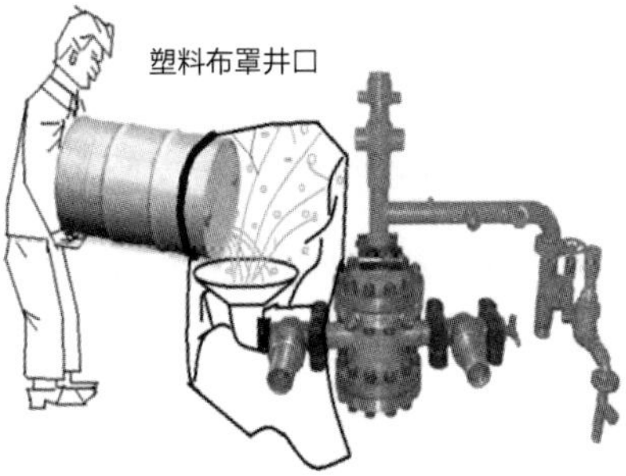


图 2-5　用塑料布罩上防止药液喷溅

通过细致的现场调查和仔细的思考，我们设计出密闭加药装置来解决这一问题。

设备材料：密闭加药罐、拖拉机、三缸柱塞泵、流量计和管线等。

工作原理：加药罐储存清防蜡剂药液，拖拉机提供动力带动三缸柱塞泵工作，将加药罐中的药液抽到流量计中进行计量，流量计的出口与井口管线密闭相连，将药液源源不断地输入井中，实现密闭加药。待药量加够，停泵后拆下流量计与井口的连接管，完成加药（图 2-6）。

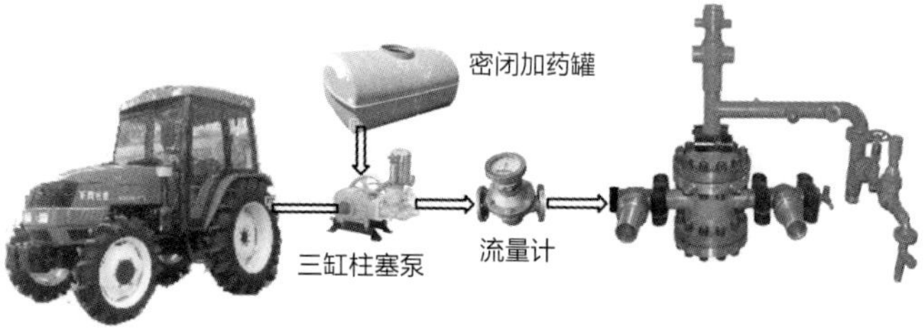


图 2-6　密闭加药流程

优点：全程实现密闭加药；无喷溅、无污染、无伤害；工人劳动强度低、工作效率高，由平均每天处理 5 ~ 6 口油井，提高到平均每天处理 10 口油井以上。

## 四、启示

以上四个案例，都是我们直接接触事件整个发生过程并找到革新点，通过自己的创造性思维，找到了巧妙的解决办法，使问题得以解决，这就是直接获得革新点。

能够直接获得的革新点有很多，只要我们细心观察就不难发现，它们就在我们的身边，就在我们的生活里，可能是一把扳手、一颗螺丝钉、一台机器。

## 第二节　间接获得革新点

### 一、概念

间接获得革新点是指要解决的问题通过间接途径得到。这种革新点不是自己经历的、感受到的，而是通过交流、新闻、网络、媒体等途径获取的（图 2–7）。这些要解决的问题必是经过多方验证真实存在的，具有一定影响性的，而且通过某种技术手段可以得到解决的。

（a）看报纸　（b）看电视、听广播　（c）上网　（d）交流

图 2–7　间接获得革新点的途径

## 二、生活案例

### 1. 拉锁裤兜的诞生

（1）引出问题

一位裁缝在给一位女士的家人做衣服时，听到她总是抱怨丈夫的随身物品太多，比如笔、手绢、钱包等，他不是丢失这个就是丢失那个。裁缝觉得很好奇，为什么这位太太的丈夫总丢东西呢？从太太的唠叨中得知，原因是丈夫的裤兜很浅，不能安全存放物品，再加上这位女士的丈夫比较粗心大意，总爱丢东西。由此，裁缝想："能否有什么办法帮他解决呢？"

裤兜浅容易丢东西是裁缝从旁人的唠叨中了解到的，并非他亲身体验，所以这对于他来说属于间接获得的，而裤兜浅容易丢东西是裁缝能够解决的问题革新点。

（2）解决方案

最初，裁缝试图用给裤兜加装扣子的方法来解决这个问题，但是在使用过程中发现，扣上扣子比较困难，这个方法就被放弃了。偶然间，裁缝看到衣服上的拉锁，顿时眼前一亮，能否将拉锁安装到裤兜上呢？按照这个思路，裁缝设计出拉锁裤兜，经过反复试验，效果很不错。就这样，拉锁裤兜被发明出来，投放到市场后，收到了非常好的反响（图2–8）。

（a）裤兜浅　　（b）加拉锁裤兜

图 2–8　拉锁裤兜的发明

### 2. 爱迪生与无影灯的故事

（1）引出问题

爱迪生是著名的发明家，他的一生有无数项发明。在爱迪生 9 岁那年的一个下午，他的妈妈突发急病，痛得在床上滚来滚去，叫个不停，他连忙从外面请了一位大夫到家里给妈妈治病。经过一番细致检查，大夫诊断他妈妈得了急性阑尾炎，事不宜迟，必须立刻做手术，否则就会有生命危险。

但此时太阳快要落山了，天色渐渐暗了下来，大夫打开药箱，取出针筒、手术刀、镊子等器械，作好了手术准备。可当要做手术时，大夫看了看窗外的天色，连连摇头说：“光线不好，没法做手术。”

爱迪生的爸爸着急了，连忙哀求大夫：“请你一定要想办法，救救我的妻子吧！”大夫回答说：“天快黑了，光线太暗，无法做手术啊！”大人们急得在屋里团团转，却束手无策。

（2）解决方案

爱迪生听到医生和爸爸的谈话，暗自下定决心一定要想办法救妈妈。他思索片刻后，迅速将家里的几面梳妆镜、衣柜镜统统搬过来围在妈妈床铺的四周，然后在床头和床尾点亮几支蜡烛。烛光经平面镜多次反射后，把妈妈周身照得通亮。大夫一看十分惊喜，迅速给爱迪生的妈妈完成了阑尾切除手术，直夸爱迪生聪明。事后，爱迪生根据这一原理发明了无影灯（图 2–9）。解决光线暗的问题本应是大夫的事，可当大夫无法解决时，爱迪生听到后，帮助大夫解决了这一棘手的问题，这就是属于间接获得革新点。

图 2–9　爱迪生与无影灯的发明

## 三、生产案例

### 1. 新型压力表专用控制阀门的研制

（1）引出问题

一天，计量工小王遇到了困难，和维修班的小张说："计量间压力表控制阀门开关几次后，就会关不严，尤其是校检压力表时，将压力表卸下后，阀门处不停渗水，把地板漆都泡坏了，这可咋办？"小张经过多方了解得知这是计量间普遍存在的问题，新更换的阀门开关几次后，就会关不严。频繁更换阀门不仅浪费材料，还会增加工人的工作量，工人的干劲儿也会受到影响。既然换新阀门会浪费成本，是否可以修旧利废呢？当小张到修理部进行维修时才发现，维修费用比买新阀门还贵。压力表控制阀门关不严的问题是小王提出来的，研究新型压力表控制阀门是小张可以解决的。对于小张来说，解决这个问题就属于间接获得的革新点。

（2）解决方案

小张在原有控制阀门的基础上，结合压力表接头的原理，用旋转压力表接头实现了阀门的开关控制，并且在设计时考虑强度问题，使得反复拆卸丝扣也不容易损坏。经过现场应用，使用效果非常好，原来的压力表控制阀门一年要更换

4～5 个，新型压力表控制阀门使用一年后也没有出现损坏，在节约成本的同时，还减轻了工人的劳动强度（图 2–10）。

（a）存在问题

（b）解决方案

图 2–10　压力表专用控制阀门的研制

**2. 过滤缸的改进**

（1）引出问题

注水井高压配水装置中的过滤缸能够过滤杂质，保障注入水的水质。但在一次设备检查过程中，检查人员发现很多现场安装的过滤缸内没有滤芯，杂质没有经过过滤直接被注入井中，甚至造成装置堵塞，影响了油田的注水开发效果。为此，检查人员深入现场进行调查。原来注入污水后，过滤缸经常堵塞，有时候两三天就堵一回。工人发现堵塞后，要卸掉过滤缸的六颗螺丝钉以及上盖，把过滤缸的滤芯拿出来清洗，清洗干净后，再按照原流程安装回去。这项工作工作量大，操作流程非常烦琐，费时费力，所以工人将过滤缸的滤芯拆除了。什么办法既能保证过滤缸正常发挥作用，又能让岗位人员操作方便呢？检查人员在多方面分析调查，找到了切实可行的解决方案。这里的问题是检查人员在检查时发现的，也是经过深入调查后了解的，不是自己经历的，这就是间接获得的革新点。

（2）解决方案

检查人员对原有过滤缸结构进行了改进，在过滤缸的下方安装了一个反冲洗阀门。工人清理杂质时，只需打开反冲洗阀门，即可实现清理杂质的操作。这样工人不用拆卸螺丝，也不用安装，极大地减轻了劳动强度（图 2–11）。

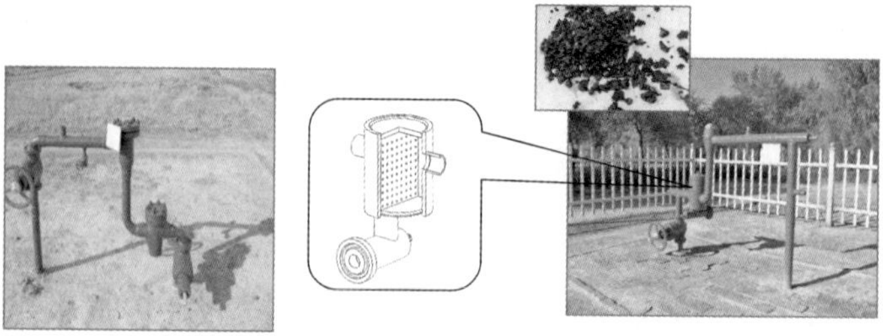

图 2-11　过滤缸的改进

## 四、启示

我们常说解决问题有 5 个步骤：发现问题、分析原因、提出解决方案、实施方案、反馈情况。在介绍这 5 个步骤时，人们往往对发现问题轻描淡写，但是发现问题恰恰是解决问题之首。在岗位中，要细心观察，用好直接获得革新点和间接获得革新点的方法，从而发现想发现的问题，解决想解决的问题。

# 第三章

## 解决生产难题的八种方法

创新驱动，方法先行。我们开展技术革新不但需要丰富的现场经验和专业的理论知识，更需要熟悉并掌握一些技巧和方法，这样有助于提高技术革新的速度和质量。本章将详细介绍“283”技术革新法中的“8”，即解决生产难题的八种方法：组合法、拆分法、牺牲法、移植法、变形法、迂回法、逆反法、仿生法。

在生活中，对于同一类问题的解决方法有很多，我们由此就会慢慢掌握窍门，逐渐归纳总结出规律和诀窍。当再次遇到同样的问题时，我们就可以直接按照这些总结出来的诀窍来处理，这样既快速又方便。比如，要想做出可口的锅包肉，如果自己尝试着去做，成功率往往会很低，需要不断摸索和尝试。如果按照菜谱制作就容易多了，菜谱中会指出操作要点，例如油要烧到七分热，肉过三遍油即可。如果我们在开展技术革新时也有方法可循，解决生产难题就会变得容易很多。

（a）饭店厨师做的锅包肉　　（b）按照菜谱方法做锅包肉

图 3-1　锅包肉的做法

## 第一节　组合法

### 一、概念

组合法就是把两种或两种以上的技术、理论、产品进行简单的叠加，形成新的技术、理论、产品的方法。组合法具有很强的实操性。20 世纪后半叶，80% 以上的世界重大创新发明成果是组合成果，如此可见组合法在创新、创造活动中的重要地位。组合的方式和方法多种多样，因此我们运用组合法可以形成无数的新设想、新产品。

在技术革新中，常见的组合形式包括以下 3 种。

### 1. 直接组合

在解决难题时，直接把所需要的、相关联的、相对独立的、技术成熟的产品，不经任何改动地组合在一起解决问题。例如，房间顶部的灯泡坏了，由于没有爬梯，换灯泡就变成了难题，将房屋内的桌子、椅子和人简单组合就能解决这一问题［图 3–2（a）］。

### 2. 间接组合

利用实物和磁场、不可见光场、电场、热场等的组合来解决问题。这种组合在魔术表演中非常普遍，比如魔术师手中的螺钉会奇迹般地转动，似乎是魔术师具有了超能力，实际是魔术师在利用大家看不到的磁场，这就是使用间接组合的方式产生的视觉效果［图 3–2（b）］。

### 3. 功能组合

这种组合相对比较复杂，不是简单地把所需要的物品组合在一起，而是需要通过重新设计将多种工具组合在物品的主体上，实现工具的多功能用途。生活中常使用的功能刀包含玻璃刀、螺丝刀、启瓶器、磨刀石、刮皮刀等［图 3–2（c）］。

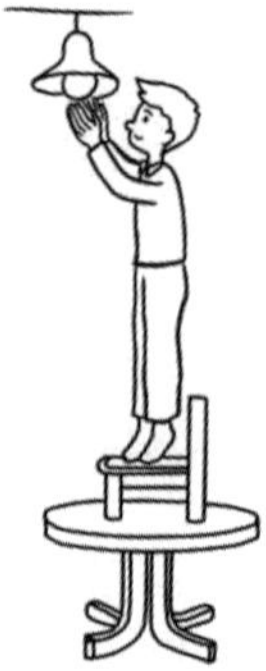

（a）直接组合：解决换灯泡问题

（b）间接组合：魔术师手中的螺钉自转起来

（c）功能组合：生活中的多功能刀

图 3-2　组合法应用

## 二、生活案例

### 1. 多功能刀具

（1）引出问题

快节奏的生活使人们在日常生活中变得非常忙碌，时间越来越紧张。一些经常在外奔波的人可能今天在北京，明天在上海，在外时间越长，常用的小工具就可能需要得越多，随身携带几样生活中需要用到的小工具（剪刀、水果刀、启瓶器、螺丝刀等）是很有必要的（图 3-3）。需求越多，疏漏也就越多，经常到了需要用时束手无策。针对这样的问题，该如何解决呢?

（2）解决方案

多功能组合刀具大家可以在市场上买到，它将所有的小工具巧妙地组合在一起，这样所有的问题就都解决了。

多功能组合刀具体现的是组合法中的功能组合，将各个功能组合在一起，经过重新设计，实现各个单独部件的个体功能。

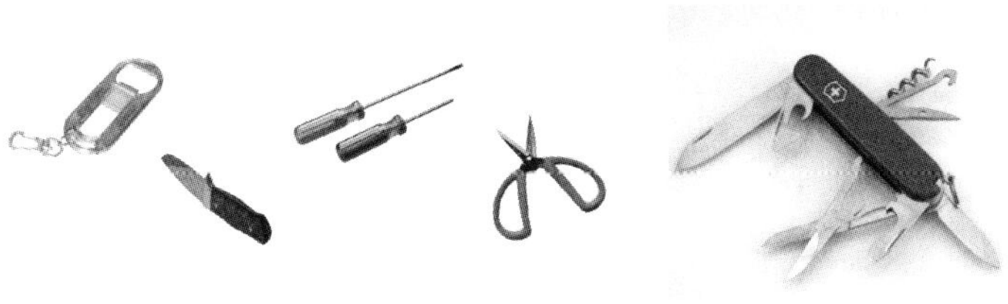

（a）单个工具　　（b）组合工具

图 3-3　多功能组合刀具

**2. 会跑的箱子**

（1）引出问题

以前，很多人在外出旅行时都是大包小裹。随着时代的发展，人们开始选择用行李箱，而物品和需求的增多也使行李箱的体积越来越大。但是，不论是选择乘坐火车还是汽车，携带较大的旅行箱都是一件让人头痛的事情。长时间拖着行李箱行走既累又不方便，特别是对于力气小的女性和年长者就更加困难，那该怎么办呢？

（2）解决方案

于是有人提出能否想办法让箱子自己跑呢？或者我们坐在箱子上让箱子拉着跑，这样就轻松了。将行李箱和电动自行车进行嵌套组合：箱子用来存放衣物，保障其原有功能，人骑在箱子上，行李箱变成电动自行车，拉着我们到处走，这样外出旅行就变得轻松愉快了（图 3-4）。

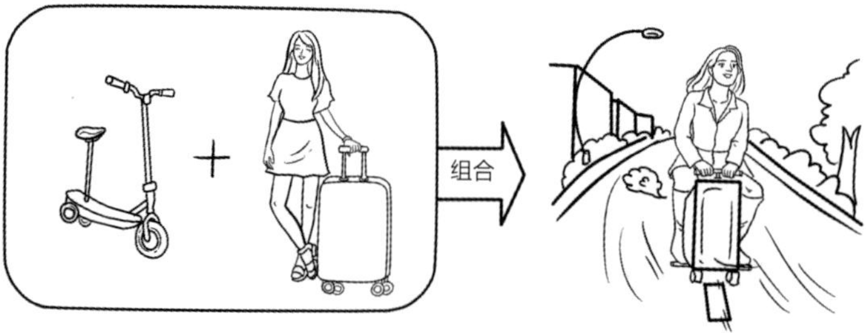


图 3-4　会跑的行李箱

## 三、生产案例

### 1. 组合套筒扳手

（1）引出问题

由于工作需要，电工小王经常要到现场维修各种配电设备，他的工具袋里装着各种维修工具，光套筒扳手就有多种，其中 10 毫米、12 毫米、14 毫米型是他最常使用的。由于工具繁多，小王每次使用时都需要在工具袋内仔细翻找，不仅浪费时间，还容易丢失工具，耽误工作进度。有什么好办法解决呢?

（2）解决方案

小王想，既然都是常用工具，不如将它们组合焊接在一起，这样不但目标大，而且找到一个就能找到其他的，还不容易丢失。于是小王回到队里，找到电焊工李师傅，将三个套筒扳手头焊接在一起，形成一个新的组合工具（图 3–5）。小王使用组合工具时比之前方便了很多，再也不用东翻西找，也不用担心扳手头会丢失。通过简单的组合，小王解决了自己遇到的问题。

以上是一个典型的直接组合法的案例。直接组合法是需要什么就组合什么，比如在套筒扳手案例中需要几种工具就

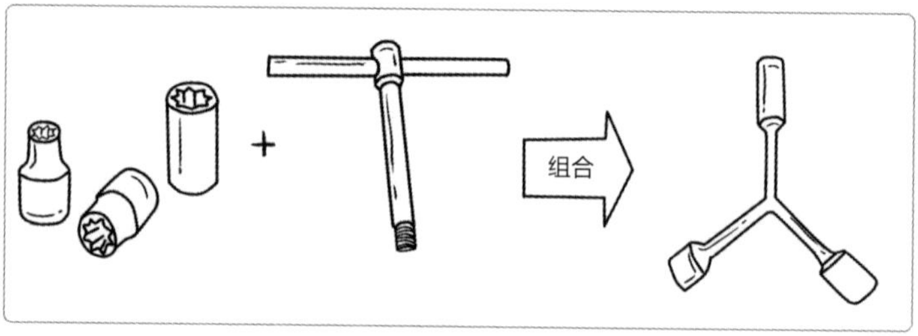


图 3-5　组合套筒扳手

组合几种工具，要确保使用过程中各个工具互不影响。

**2. 井下测试仪器清洗机器的研制**

（1）引出问题

小路是一名测试工，每天都需要上井进行注水井分层测试工作。测试时需要将测试仪器下入 1000 多米深的油层处，在升起和下降仪器过程中，井底的一些杂质和黏稠物质会吸附到测试仪器的探头上，导致测试数据不准，影响测试效果。当用抹布无法擦拭干净测试仪器内部时，就需要对测试仪器进行拆解，拆解仪器时需要使用扳手、管钳等工具，拆解过程中容易造成仪器损伤，耗时较长，这在一定程度上影响了测试的效率（图 3-6）。

图 3-6　不好清洗的井下测试仪器

（2）解决方案

为了解决全面清洗仪器的问题，小路和班组成员最初想到的办法是用热水冲洗，于是找到锅炉车，可冲洗出来的油污及脏物在井场上流淌得到处都是，不符合环保标准，尝试一次后只得放弃。他们又想到另一个办法，就是将井下测试仪器拆开，将每个组件逐个清洗、擦拭干净，然后再将其逐个组装起来。使用这个方法虽然能将测试仪器清洗干净，但费时费力，而且在拆卸和组装过程中还会对测试仪器造成一定的损伤，精密部件的安装精度也难以保证。尤其是到了冬天，室外温度低，工人工作极为不便，影响工作效率。

能否有一种简单快速的方法，清洗测试仪器既快速又干净呢？为了解决这个问题，大家每天都利用闲暇时间展开讨论。一次讨论时，有个同事开玩笑地说："要是能把仪器放到洗衣机里清洗，就能洗干净了。"马上就有同事反驳道："测试仪器有 2 米多长，什么洗衣机能装得下它。"

小路突然转念一想，能否设计一个类似洗衣机的设备来清洗井下测试仪器呢？想到这里，他陷入深思，渐渐地，一个测试仪器清洗设备逐渐成形：测试仪器从设备一端进入，清洗干净后从另一端拽出。这个大胆的想法，开始在小路的心中激荡起来（图 3-7）。

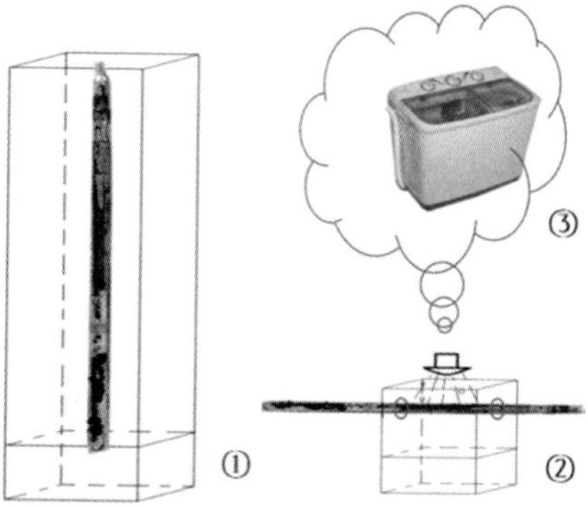


图 3-7　设想解决方案

既然市场上没有现成的测试仪器清洗产品，那就自己设计制作。要想制作出这个专用测试仪器清洗机，水泵、喷头、加热装置、配电箱等配件都是必要的，这些配件可从市场上买到，只要按照一定的参数配备即可，再将它们按照一定的功能要求组合到一起，就可以实现对井下测试仪器进行清洗（图 3-8）。

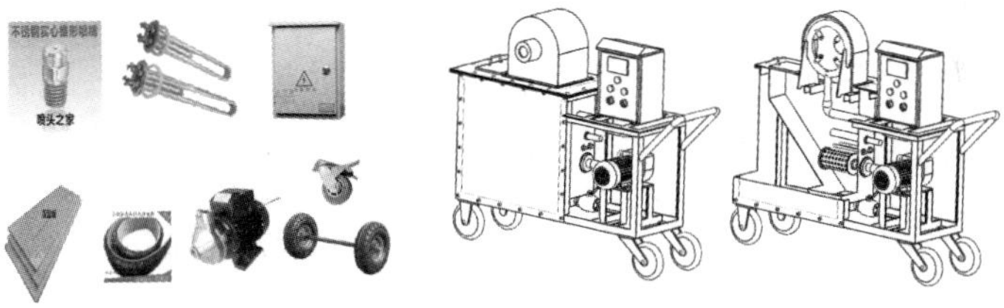

（a）配件　　（b）结构原理图

图 3-8　井下测试仪器清洗机

清洗原理：提前将水进行预热，启动水泵，高压水在水箱中喷溅，将井下测试仪器从清洗机的一端推入，逐步清洗，洗净后的仪器从另一端拽出，即可完成测试仪器的清洗。清洗机很快设计制作完成，在生产中发挥了很大的作用（图 3-9）。

图 3-9　井下仪器清洗机的现场应用

### 四、启示

组合法是技术创新中最常见的，也是应用最多的一种创新方法。“组合”的原则是要有多个要素参与，并为同一目标服务，组合后产生 1+1>2 的效果。在组合时不但要充分考虑合理性和科学性，而且还要考虑如何在时间或者空间中进行组合，实现想要达到的功能。

## 第二节　拆分法

### 一、概念

拆分法是指通过将一些较大的、操作不方便的物体进行拆分，达到使用更加方便、快捷、安全，功能更加完备的目的，也可通过将一些有用部分（属性）或有害部分（属性）从物体中分离出来，解决生产难题。

在技术革新中，常见的拆分形式包括以下 3 种。

**1. 分割拆分法**

把一个物体分成相互独立的几个部分，使物体便于组装和拆卸，或者分割后增加了原来物体的使用功能。垃圾箱在早期都是整体的，无法实现垃圾分类回收功能，垃圾具有很大的污染性。为此，将垃圾箱根据垃圾分类要求，拆分设计为可回收物箱［图 3–10（a）］、其他垃圾箱［图 3–10（b）］、厨余垃圾箱［图 3–10（c）］和有害垃圾箱［图 3–10（d）］四种分体垃圾箱。

（a）可回收物箱　（b）其他垃圾箱　（c）厨余垃圾箱　（d）有害垃圾箱

图 3–10　四种分体垃圾箱

**2. 抽取拆分法**

从整个物体中分离出有用部分（或属性）或有害部分（或属性），这个物体可能是固体也可能是液体的，抽取以虚拟方式或实物方式进行。例如，刚从地里产出的土豆裹满了泥土［图 3–11（a）］，而对于选购土豆的消费者，购买的是土豆而不是泥土，通过清洗机［图 3–11（b）］就可以实现将土豆和泥土拆分的目的［图 3–11（c）］。

（a）产出的土豆

（b）清洗机　　（c）清洁的土豆

图 3–11　清洗土豆

### 3. 多孔拆分法

拆分时把物体设计成多孔或加入多孔性的物体，若一物体已是多孔的，则利用这些孔预先引入有用的物质。例如，电气设备的插头多为一个整体，利用多孔拆分法将插头进行拆分，设计成中心孔并安装一个发光环（图 3–12），不仅方便人们在夜晚操作，而且插拔插头更加方便。

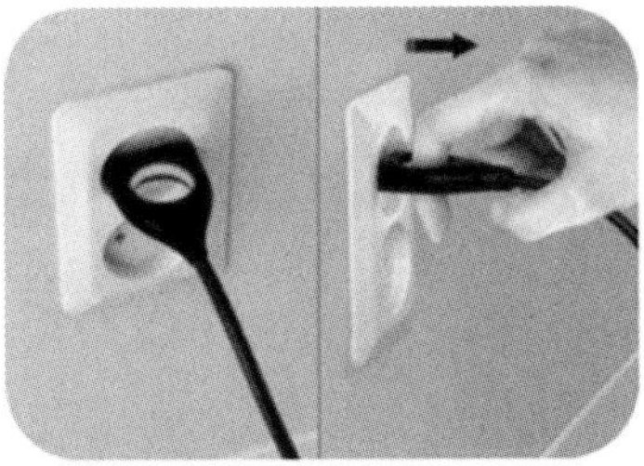

图 3-12 多孔插座（带中心孔的插头）

## 二、生活案例

### 1. 小袋包装大米的诞生

（1）引出问题

过去，市场上的大米都是采用麻袋包装的，一麻袋装 200 斤大米，需要体力非常好的人才能搬运得动。单位分大米时，都是安排几个体力好的人负责搬运，有时还得帮力气小的同事把大米送到家。同时，200 斤麻袋包装的大米存储也很令人头痛，每年大米都会生虫子。

（2）解决方案

如果把用大麻袋包装的 200 斤大米改成小袋包装，如 100 斤、50 斤、20 斤一袋等，搬运起来就方便多了，还不会因长时间存储而生虫子。现今超市都是采用各种规格的小袋来包装大米，这种小袋包装大米就是最简单地运用拆分法中的分割原理来实现的（图 3–13）。

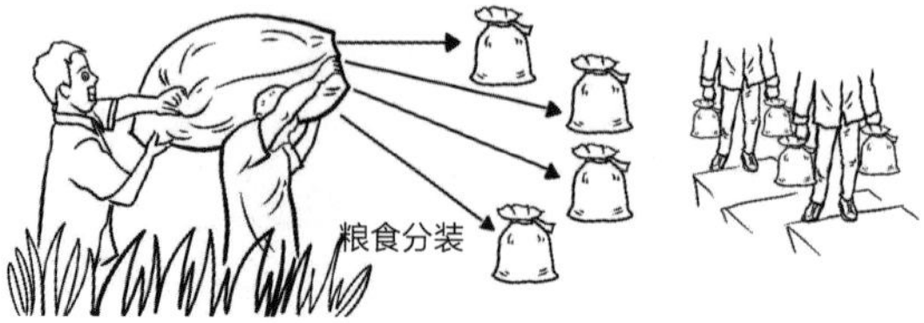


图 3–13 小袋包装大米的分装

2. **自动铅笔的发明**

（1）引出问题

在 18 世纪，铅笔的发明人在石墨粉末中掺入一定量的硫黄锑和松香，经加热凝固后，制作出铅笔芯，然后在外面缠裹上纸条，形成了最初的铅笔。

1812 年，美国一位心灵手巧的木匠威廉·门罗给铅笔穿上了木制外衣，制作出一直沿用至今的木制铅笔。木制铅笔的价格在过去还是比较贵的，而且使用时需要将铅笔削尖才能使用，用完后还需再购买新的。如果有一种不需要换笔杆只换铅芯的铅笔，就可以减少木材的消耗，还能节约许多费用。20 世纪 80 年代，曾有人算过一笔账，中国每年因制作铅笔需要采伐上万公顷的森林，对生态环境造成了严重的破坏。

为此，当时有人提出用其他物质替代木制铅笔杆，后来就出现了废纸笔杆铅笔，这种笔杆的铅笔在中国流行了几年，如今已经看不到了。

（2）解决方案

早在 1822 年，英国人发明出世界上第一支自动铅笔，满足了人们使用方便的需求。这种自动铅笔既不需要卷削又能自动或半自动出笔芯（图 3–14）。

图 3–14　木制铅笔的改进

20 世纪 40 年代，美国派克公司生产出首批 0.9 毫米旋转式自动铅笔，铅芯无须人工削尖。1965 年日本研制成功 0.5 毫米和 0.7 毫米两种合成树脂细铅芯，并开发出新型三爪卡头用来取代传统的金属三爪卡头。同年日本派罗德自来水笔株式会社首次生产出脉动式细芯自动铅笔，20 世纪 70 年代又相继开发出二次揿动式、双卡揿动式和甩打揿动式结构芯自动铅笔。1979年联邦德国法伯·卡斯特铅笔厂首次推出自动出芯式自动铅笔，1980年前后又研制出塑料二爪卡头，使自动铅笔在材料和结构上有了新的突破，逐渐在全世界推广开来。

## 三、生产案例

### 1. 曲柄销子滑锤的研制

（1）引出问题

在油田日常生产中，采油队有一项非常费力的工作就是更换抽油机曲柄销子。工人对这项工作都很发怵，他们要站在抽油机减速箱上，用8千克的大锤使劲儿击打，才能将抽油机曲柄销子从曲柄销套中砸出，再将新的曲柄销子砸进销套中。这项工作危险性很大，工人站在高空抡大锤，能够击打的部位非常小，很难打中，每次换一个曲柄销子都累出一身汗。又累又危险的作业，很让工人们苦恼。如何能让这项既危险又难干的工作变得轻松安全些呢?

（2）解决方案

为此我们设计了一个一体化滑锤，在现场应用中取出抽油机曲柄销子的效果非常好，但是工人在使用后也反映了一些问题：一体化滑锤太沉，搬动、安装的过程非常费力。了解到这个情况后，我们进行改进，将一体化滑锤分段设计，在前端与抽油机曲柄销子连接的部分做一个曲柄销子连接头，再让滑杆与连接头通过螺纹连接，最后插入滑动头，后端连接堵头封堵，这样安装起来更为方便，每一部分零件的重量都非常轻，一件一件地组合在一起，再进行击打，很快就可以将抽油机曲柄销子击打下来，并且可以逐件拆装非常方便。这就是利用拆分法使拆装曲柄销子实现了快捷、简便和安全作业。该成果在采油厂推广应用后，工人普遍认为工具很好用，操作起来既安全又轻松（图 3-15）。

（a）实物图

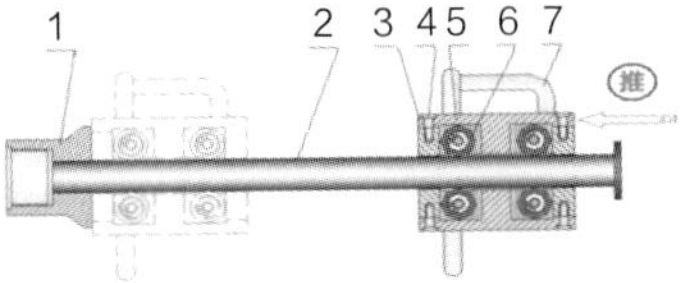

（b）原理图

（c）操作过程

图 3-15　曲柄销子滑锤的研制

1—曲柄销子连接螺帽；2—滑杆；3—滑锤；4—固定螺钉；5—轴承支架；6—滑动轴承；7—手柄

## 2. 抽油机调平衡工具的改进

（1）引出问题

抽油机在运行过程中承受井下交变载荷，上行时承受载荷大，下行时承受载荷小，载荷差别较大。为使抽油机平稳运行，我们在曲柄上设计安装了平衡块，每个平衡块重量在500千克左右。平衡块的作用是当抽油机上行时，平衡块向下运行帮助抽油机减少载荷；当抽油机下行时，电动机带动平衡块向上运行储存能量，从而使抽油机上、下行时载荷差异减小，确保抽油机的平稳运行，同时延长电气设备使用寿命。

抽油机井工作时，如果地层供液能力发生变化或井下设备出现故障，都会造成抽油机承受载荷发生相应的变化。为了保证生产进度，维修工需要定期对抽油机平衡块的位置进行调整，使其达到平衡要求（它的平衡原理如同我们生活中熟悉的天平一样，可通过调整平衡螺母位置达到平衡）。现场大多使用摇把式调平衡工具［图3–16（a）］调整移动平衡块，该工具采用一体化设计，牙轮与摇把之间采用焊接固定。使用时牙轮能与曲柄平面上的尺牙配合，通过转动摇把旋转牙轮移动平衡块［图3–16（b）］。摇把式调平衡工具存在的问题：一是摇把的手柄与牙轮不在一条直线上，受力时易发生滑脱现象；二是摇把臂较短，力矩小，转动比较吃力；三是由于牙轮与摇把通过焊接固定，为了方便摇把转动和施力，每转动一定角度，就要重新调整工具的角度和位置，非常麻烦；四是当平衡块上的锁块孔眼移动到连杆或曲柄销子总成附近时（图 3-17），牙轮就无法安装，影响调整工作。

（a）摇把式调平衡工具

（b）摇把式调平衡工具使用

图 3-16　摇把式调平衡工具及使用

图 3-17　摇把式调平衡工具使用存在的问题

（2）分析问题

摇把式调平衡工具采用一体化设计，由于力臂设计较短造成移动费力，加长力臂即可解决问题。由于牙轮与摇把之间通过焊接固定，在旋转牙轮到一定角度时，就要将工具取出重新再安装，调整过程非常麻烦，不能自动转换角度。当平衡块上的锁块孔眼移动到连杆或曲柄销子总成附近时，该工具就无法安装使用，需要对工具进行改进。

（3）解决方案

可采用拆分设计，将原工具设计成三个部分（图 3-18）：牙轮、连接短接、棘轮加力杆，使用时将其连接起来即可（图 3-19）。使用时，首先将牙轮从外侧安装在锁块孔眼内，其次把连接短接从内侧孔与其连接，最后将棘轮加力杆滑变接头与连接短接安装在一起。棘轮加力杆解决了移动平衡块费力的问题；棘轮加力杆上的换向系统能够解决牙轮旋转到一定角度，需要取出重新再安装的问题；当平衡块上的锁块孔眼移动到连杆或曲柄销子总成附近时，由于采用分体设计，可在内侧安装调平衡工具进行调整（图 3-20），过程方便快捷。

用拆分法设计的抽油机快速调平衡工具，在现场应用中得到工人的一致好评。以往调平衡需要 2 人操作 40 多分钟才能完成，使用该工具后，只需一人操作 20 分钟即可完成，既减轻了工人的劳动强度、提高了工作效率，又确保了操作安全。该成果目前在大庆油田公司推广应用 2100 套。

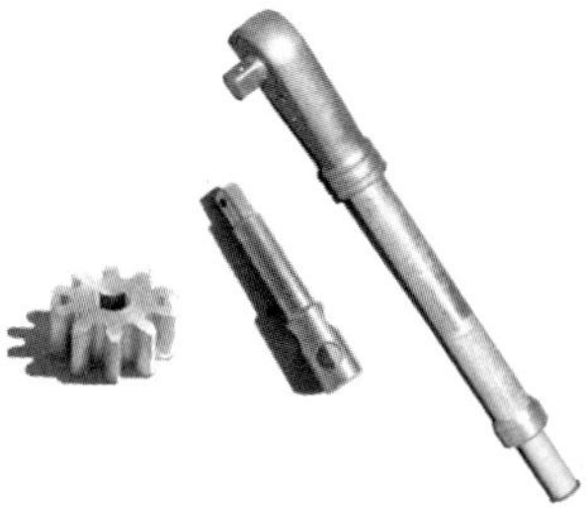

图 3-18　分体的快速调平衡工具

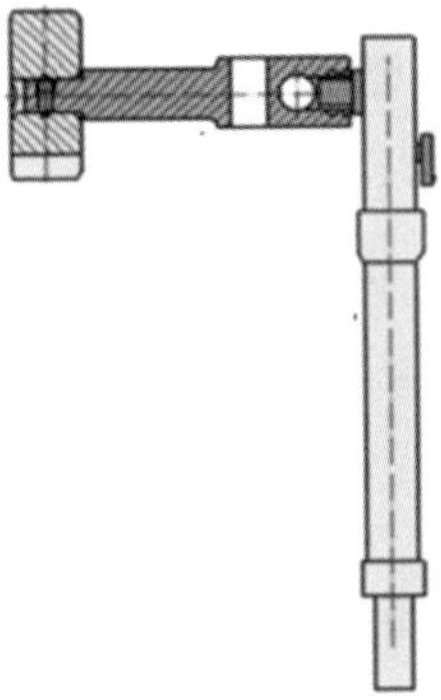

图 3-19　组合的快速调平衡工具

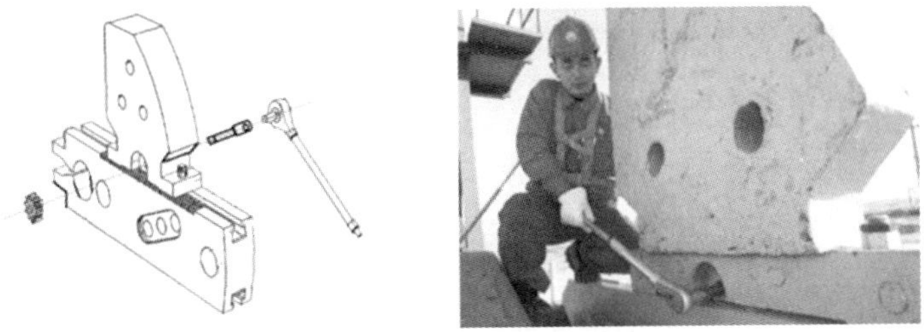

图 3-20　快速调平衡工具应用

### 四、启示

拆分法起到化繁为简的作用。当我们在生产中遇到复杂的、暂时无法解决的问题时，可以尝试将问题进行拆分。拆分法的要点是“巧”拆，而不是“强”拆 。拆分是有技巧和规律的，一是对于较大的物件进行分体设计，实现分体运输、安装、操作；二是通过拆分解决难题时，可以巧妙地实现新功能。

## 第三节　牺牲法

### 一、概念

牺牲法是从战术上的叫法引申而来，在技术革新中就是通过使某一个物件损伤、变形或消失，保护另一个物件的完整性和功能性来解决生产难题。

在技术革新中，常见的牺牲形式包括以下两种。

**1. 中介物牺牲法**

在相互作用的两个物体之间，通过安放一个或多个中介物体起到转移和传递作用，以防物件损伤。例如，铺设钢轨时在钢轨的两侧临时安装两个半圆形磁铁插入器（图 3–21），使钢轨变成圆形便于滚动，既减轻了操作工人的劳动强度，又可以避免钢轨因翻滚而造成磕碰损坏。

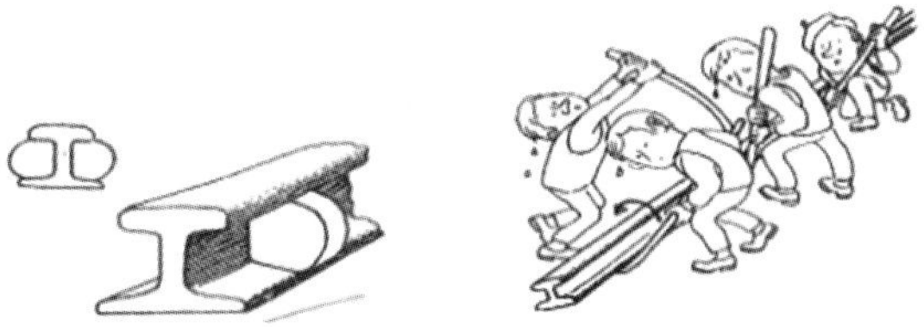

图 3-21 操作员工在铁路上铺设钢轨

## 2. 自主服务牺牲法

运用某些材料性能实现对某些物品的保护功能，而后在改变参数的条件下，产生自主消失、自主恢复以及自主补充等功能。例如，有些中药和西药需要到达人体的某些部位才能发挥功效，如果直接通过口服，不一定能达到治疗的效果，利用胶囊（图 3-22）将药物装入其中，不仅能使药物到达指定地点后才开始发挥作用，还能在这个过程中隔绝药的特殊味道。胶囊起到保护作用，药剂等到胶囊融化后才开始释放，被人体吸收，胶囊的融化就是自主服务的一种牺牲作用。

## 二、生活案例

## 1. 手机贴膜的妙用

（1）引出问题

手机是人们日常生活中不可缺少的通信工具，手机屏幕

图 3-22　胶囊

在频繁的使用过程中很容易被划伤，降低屏幕的清晰程度，一旦不小心掉到地上，还会将手机屏幕摔坏，致使手机无法使用，更换手机既费事又费钱，还有可能因无法及时接听重要电话而误事。

（2）解决方案

通过贴膜来保护手机屏幕，还能美化手机，因此广泛应用于手机美容。保护膜过去称为手机美容膜，后来又出现了手机防刮保护膜、钢化膜、防窥膜、镜子膜、磨砂膜、高清膜等。利用手机膜就是牺牲法的一种。手机贴膜后，屏幕可防摔、防指纹、防被刮花，不仅能保护我们的手机屏幕，还能提高手机性能。更换损坏的手机膜后，可以使手机焕然一新、光亮夺目，起到旧机翻新的效果（图 3-23）。

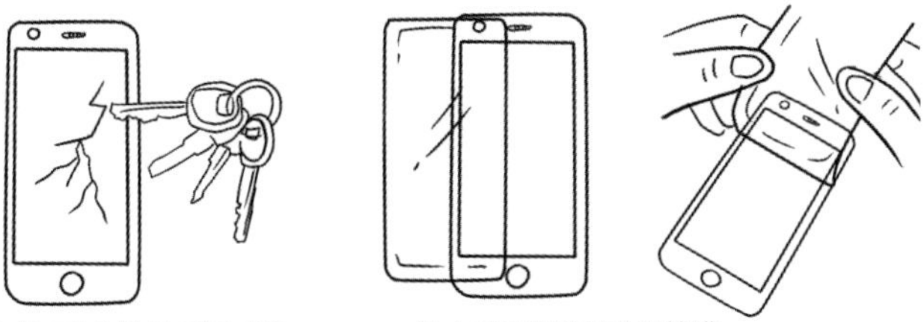

（a）被硬物划伤的手机屏幕　（b）新手机粘贴上保护膜

图 3-23　手机贴膜的妙用

## 2. 钉鞋掌的妙用

（1）引出问题

鞋是每个人生活的必需品，甚至可以作为奢侈品、收藏品。走路时，鞋底与地面接触，磨损最快的是鞋跟部分，由于鞋跟损坏导致鞋子变形，缩短鞋的使用寿命，甚至会影响人们行走。在改革开放初期，中国大部分家庭并不富裕，个人收入也不高，那时能有一双好皮鞋是很有面子的事，但是皮鞋穿久了，最先磨损的地方都是鞋跟，男人的皮鞋鞋跟容易磨偏，女人的高跟鞋鞋跟容易磨短，这时大部分皮鞋的鞋面仍完好，将其扔掉着实可惜，继续穿既不好看又不舒服，那该怎么办呢？

（2）解决方案

一些修鞋人开始在市场上做起了生意，其中有一项服务就是钉鞋掌。他们将男人的皮鞋鞋跟磨偏的地方处理后，再钉上鞋掌，或者在女人的高跟鞋鞋跟上安装一个鞋掌，经过处理的皮鞋焕然一新，又可以继续穿了。再后来，有很多鞋的鞋跟都是可以更换的，特别是女人的细高跟鞋，一般会多配一个鞋掌。这种钉鞋掌的方法就是牺牲法的一种，即通过牺牲鞋掌来保护整双皮鞋（图 3–24）。

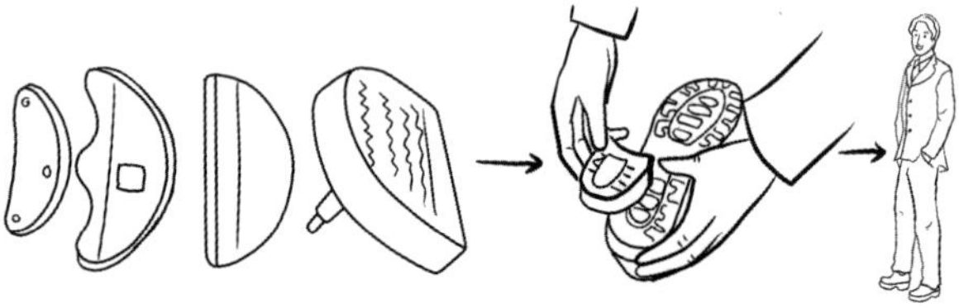

图 3–24　钉鞋掌的妙用

## 三、生产案例

### 1. 保护丝扣的"铁帽子"

（1）引出问题

在油田生产中，抽油机井调冲程是抽油机井参数调整的一项重要工作，抽油机井调冲程需要根据现场测得的数据将曲柄销子从一个孔调换到另一个孔中。但在实际工作中，将曲柄销子从曲柄冲程孔中取出难度很大，主要原因是曲柄销子与冲程孔属于紧配合，再加上由于运行时间长、野外设备易生锈等原因，更进一步增加了取出难度。工人现场操作时，一般都是采用大锤砸的方法，将曲柄销子从冲程孔中砸出来，这个过程非常耗时，需要用大锤反复砸，容易造成抽油机曲柄销子的端部和螺纹的损伤，严重时会造成曲柄销子报废，带来较大损失。

（2）解决方案

如何在取出时不伤及曲柄销子和螺纹？我们可以在曲柄销子端部安装一个中间物品，也就是给曲柄销子的螺纹部分戴上一个“铁帽子”，通过牺牲“铁帽子”来保护抽油机曲柄销子的端部，这样即使砸坏了“铁帽子”，也不会伤及曲柄销子及螺纹，可以有效保护受击打部位（图 3–25）。“铁帽子”在现场应用中取得了非常好的效果，不论工人用多大力量击打，都不会出现损伤曲柄销子端部的现象，大量地降低了材料成本。

图 3–25　丝扣保护帽的应用效果

## 2. 抽油泵游动凡尔罩的改进

（1）引出问题

抽油机是油田常见的机械采油设备，抽油机的生产运行是通过毛辫子、悬绳器和方卡子与抽油杆连接，带动井下深井泵做上下往复运动，不断将井底原油举升到地面（图3-26）。深井泵由工作筒、活塞和固定凡尔三部分组成，固定凡尔安装在泵筒底部（图3-27）。

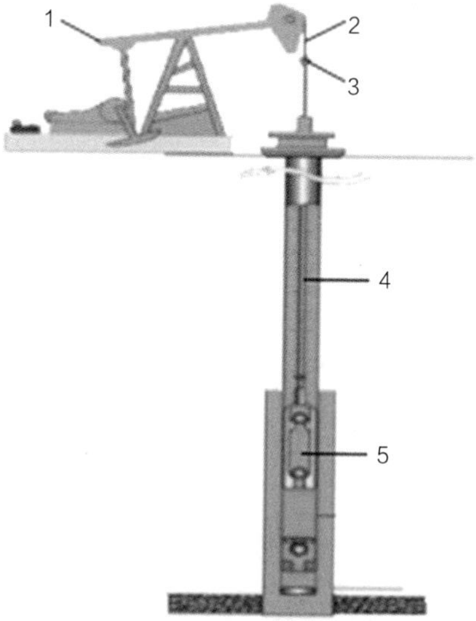


图3-26　抽油机抽油工作原理

1—抽油机；2—毛辫子；3—悬绳器、方卡子；4—抽油杆；5—深井泵

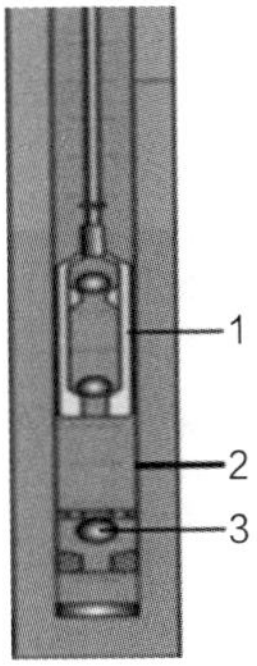

图 3-27　深井泵结构

1—活塞；2—工作筒；3—固定凡尔

活塞安装在泵筒内可做上下运动，活塞上有两个游动凡尔（图 3-28）。游动凡尔由活塞、游动凡尔罩、凡尔球和游动凡尔座组成（图 3-29）。

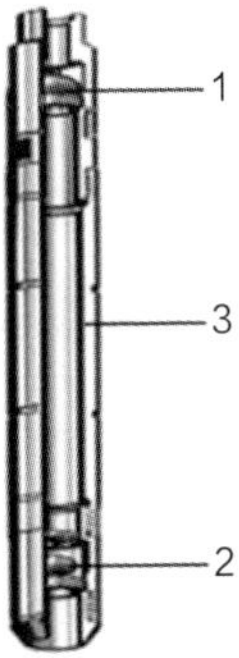

图 3-28　深井泵活塞结构

1—上游动凡尔；2—下游动凡尔；3—活塞

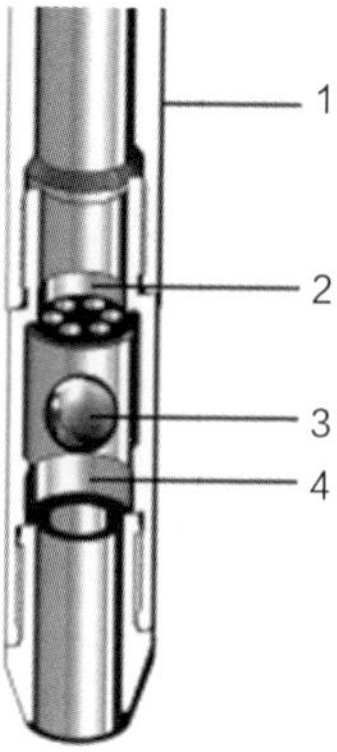


图 3–29　游动凡尔结构

1—活塞；2—游动凡尔罩；3—凡尔球；4—游动凡尔座

抽油机在工作过程中通过抽油杆带动深井泵，当活塞上冲程时，凡尔球向下运动落在游动凡尔座上关闭活塞中心通道［图 3–30（a）］，此时固定凡尔打开。当活塞下冲程时，凡尔球向上运动离开游动凡尔座，打开活塞中心通道［图 3–30（b）］，固定凡尔关闭，使液体上行进入油管。活塞上下不断运动，游动凡尔与固定凡尔不断交替关闭和打开，井内液体就不断上行，最后到达地面。

在抽吸过程中，活塞内的凡尔球不断做上下运动，在液体冲击力的作用下，凡尔球向上运动时撞击游动凡尔罩的力量非常大，在长期频繁撞击作用下，常常造成游动凡尔罩

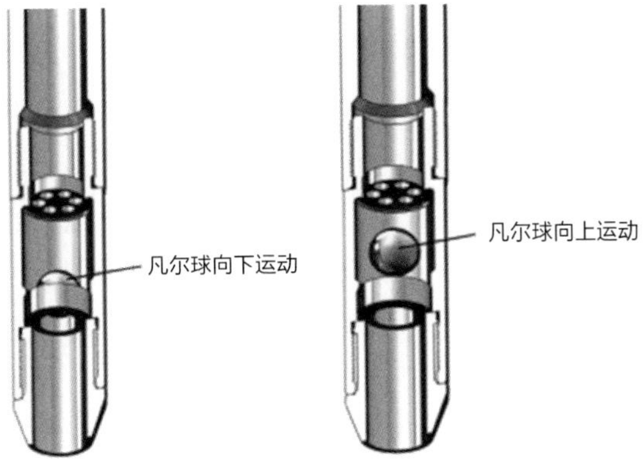


（a）活塞上冲程时　（b）活塞下冲程时

图 3-30　游动凡尔工作原理

损坏。撞击严重时凡尔球会进入凡尔罩内堵塞活塞中心通道（图 3-31），井液流动阻力增加，造成抽油泵效率降低、产量下降。只能采取井下作业方式进行处理，处理过程既影响正常生产又浪费资金。

（2）解决方案

通过分析，游动凡尔罩损坏的原因是凡尔球向上运动撞击所致。在目前技术条件下没有其他好的解决办法，只能寻找减少撞击力或保护凡尔罩不被撞击的办法。经过多种方案优选，最终选择保护凡尔罩不被撞击的方案为在游动凡尔罩下部安装一个圆柱体，作为牺牲物体用来保护凡尔罩（图

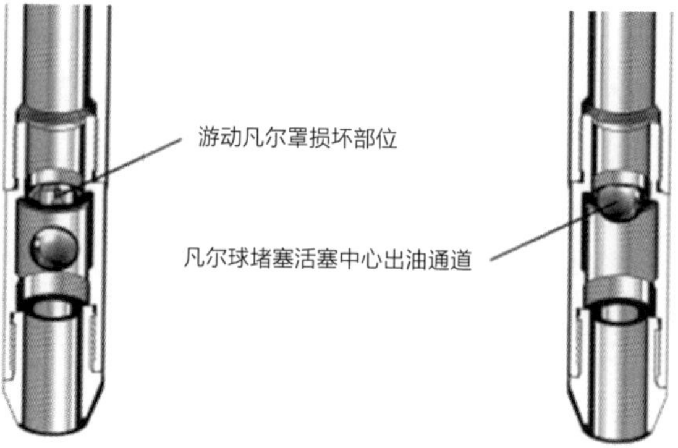


图 3-31　游动凡尔罩损坏及故障

3-32），防止凡尔球直接撞击游动凡尔罩。经过 6 年多的现场应用，改进后的游动凡尔罩达到预期效果，能够避免因损坏增加作业次数。成果现场应用既能提高抽油机井生产效率、增加产油量，又能降低作业成本。该项成果目前在大庆油田推广应用。

## 四、启示

我们在生产或生活中，总要面临一些取舍，牺牲法演绎出取舍的最高境界，通过牺牲某些物品，来达到提高某些物品性能或者安全性的目的。所有的牺牲都遵循用价值低的、方便更换的物品去保护价值高的、不方便更换的物品原则。牺牲法就是用牺牲换取更大的效益。

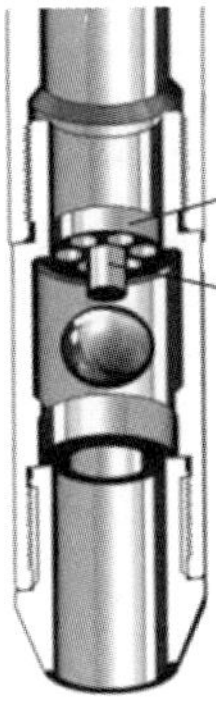


图 3-32　游动凡尔罩结构改进

## 第四节　移植法

### 一、概念

移植法是指通过将本行业或其他领域成熟的技术成果改进或直接应用到解决生产难题的方法，这种解决问题的方式经常被称为“拿来主义”。移植法的特点是技术成熟度高，解决问题速度快，可避免重复研发，节约资金。

在技术革新中，常见的移植形式包括以下 3 种。

#### 1. 理想移植

在解决难题的过程中，移植某一项技术成果，需要或多或少地对其进行局部改造来满足设计的指标要求，而理想移植指的是对引进的成果不做任何改造，可以直接应用解决问题。例如，我们利用装白酒的专用酒瓶来装散装的陈醋和酱油等（图 3–33），这就是理想移植，没有对瓶子做任何改变。

图 3–33　酒瓶应用

**2. 材料移植**

因环境及指标的特殊要求，某些物品需要具有高强度、耐腐蚀、导电性、低造价等一系列特性，则要对现有物品的部分材料进行改进替换。例如，过去的医用注射器是玻璃的［图 3–34（a）］，造价高、易破碎。改进后，用造价低廉的塑料代替玻璃，不仅降低了成本，还能确保安全，实现了一次性使用［图 3–34（b）］。

**3. 原理移植**

引用其他产品结构、原理进行新产品的改进、设计。例

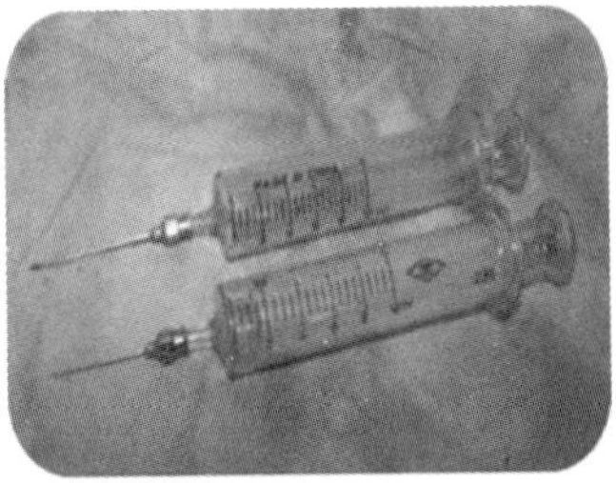

（a）玻璃注射器

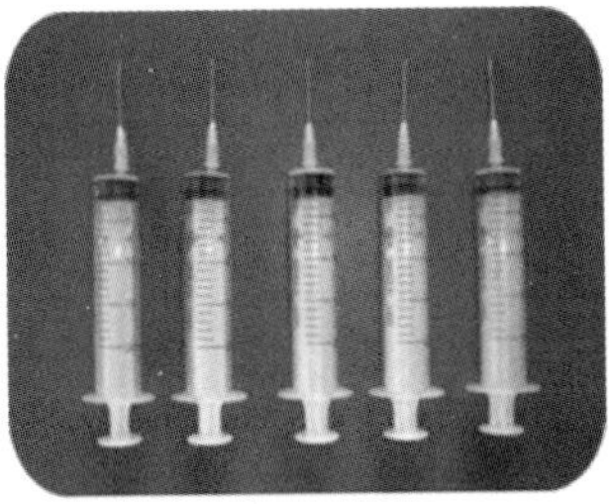

（b）塑料注射器

图 3-34　医用注射器

如，超导技术具有强磁场、大电流、无热耗的独特功能，移植到计算机领域可以用来研制无功耗的超导计算机，移植到交通领域可以用来研制磁悬浮列车，移植到航海领域可以用来研制超导轮船，移植到医疗领域可以用来研制核磁共振扫描仪等。

## 二、生活案例

### 1. 给树打营养

（1）引出问题

随着时代的发展与社会的进步，人们的生活水平越来越高，城市的建设也越来越好，道路两旁的绿化也越来越美观。为美化城市环境，景观树的移栽也更为普遍。这些景观树多数都是从大山里移栽过来的，由于生长环境变化、土壤成分改变、移栽过程中树根损伤，导致移栽过来的景观树成活率低下，发生大量树木死亡的情况。而景观树价格不菲，低下的成活率给城市绿化工作带来很大的损失。那该如何解决这个问题呢？

（2）解决方案

为了提高这种高价值大型景观树的成活率，人们想尽各种办法，如围树坑、勤浇水等，但都收效甚微。后来人们通过土质化验、环境对比、运输和后期维护等多方面分析，找到了景观树的死亡原因，同时找到了许多有效避免树木死亡的措施，其中给树木补充营养和生长调节剂是一种很好的解决办法，能有效促进树根的生长，从而提高树木的存活率。那么，该如何让树木快速吸收促其生长的营养剂呢？

采用传统的方法很难实现树木快速吸收营养，人们借鉴人类静脉注射的方法，将静脉输液器直接应用到树木上，大大提高了树木吸收营养的速度（图 3–35）。

给树木输液的方法是一种非常典型的技术革新移植法，将给人输液的方法移植到给树木输液上，属于现有技术和设备的完全移植。

图 3-35　输液的移植

**2. 自动缝合的伤口**

（1）引出问题

生活中，人们在从事各种家务时，经常会不小心割伤或砸伤自己和他人，小的伤口能自行恢复，大的伤口就得到医院进行缝合，医院的各种手术都涉及刀口缝合。这种一针一针缝合的办法既落后又给患者带来一定痛苦。怎样改进这种缝合的办法呢？

（2）解决方案

人们利用拉锁原理制作医用拉扣，将拉扣用胶粘在伤者的伤口上，利用拉扣的锁死技术，伤口自动缝合，可以极大地减轻伤者的痛苦。使用医用缝合拉扣时只能收紧，不能松开，一根一根地拉紧后，原本向外扩张的伤口就会紧紧地贴合在一起，不需要再用线缝，医用缝合拉扣提供的拉力可以使伤口自行愈合。伤口愈合后，直接撕下拉扣即可，非常简单。由于不用缝针，几乎不会留下疤痕，伤者再也不会因为缝针、拆线而瑟瑟发抖。这项技术就是在拉锁的基础上发明出来的（图 3–36）。

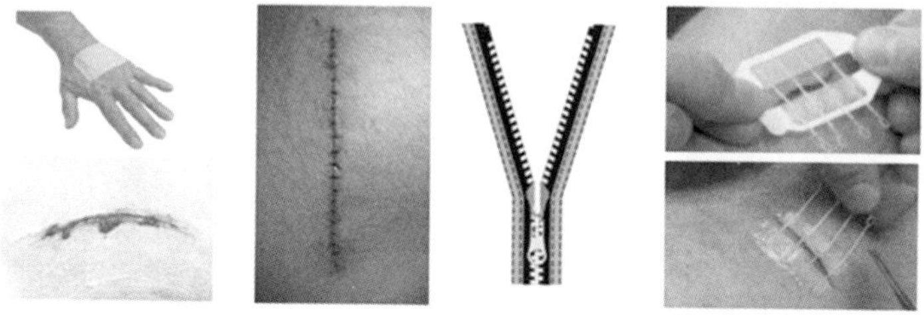

（a）传统缝合　　（b）拉扣缝合

图 3–36　自动缝合的伤口

## 三、生产案例

### 1. 不好勾的“花篮”

（1）引出问题

注聚泵是油田三次采油的重要设备，一般多采用柱塞泵。按照设备管理要求，设备需要定期保养，工人将柱塞泵的零件按保养规范进行检查、清洗、润滑等作业，对发生磨损或损坏的零件进行更换。保养时，工人打开柱塞泵进出口阀（也叫单向阀）打开，将阀内的阀件逐一拆下进行检查，但在拆卸阀座（俗称“花篮”）时难以将其取出，其原因是阀座与阀体贴合较为紧密，没有合适的工具。最初工人用铁丝制作了一个临时工具——钩子用于勾取“花篮”，但在勾取过程中，总是存在勾不动或勾到一半就脱钩的现象。怎样能够快速勾到“花篮”并顺利取出？

（2）解决方案

有人想到用内卡钳来取“花篮”。卡钳是一种取卡簧的专用工具，它分为内卡钳和外卡钳，而取“花篮”用内卡钳最适合。但现有的内卡钳长度不够，角度也不对。因此我们对内卡钳进行了加长，并对钳嘴进行改动后，将新的内卡钳应用到拆卸“花篮”上，拆卸工作变得容易多了，工作效率大大提高（图 3-37）。

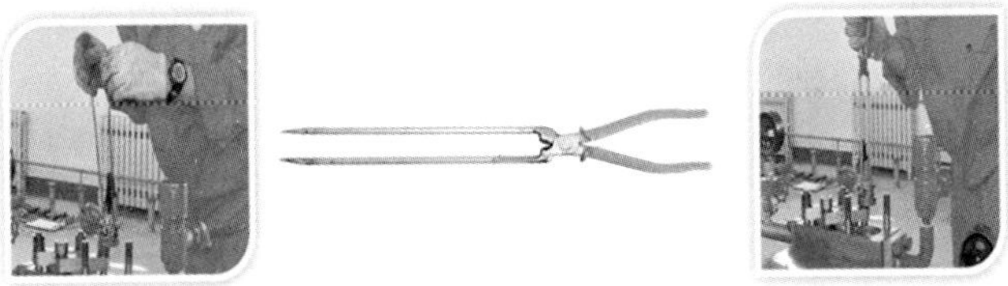

图 3-37　借助内卡钳快速勾取“花篮”

**2. 难以观测的罐车液位**

（1）引出问题

罐车是井上作业的重要设备，工人需要掌握罐内液位的高低，但是由于罐车内拉运的液体含油和沙，容易造成罐车内的液位计损坏。液位计损坏后，工人若要了解液位高低，就必须爬到罐车上去查看，这样不仅增加了劳动强度，还存在一定的安全隐患。

（2）解决方案

怎样解决这个问题呢？一次我在家里洗碗时，乳胶手套掉到了水里，兜起一部分水，这给我带来了灵感，想到可以把手套放到罐车液位计处，用它将显示液和被显示液分开。根据这个灵感引发的思路，我们很快对罐车液位计进行了改造，把乳胶手套装在罐车尾部，内装液位计，外部则与罐车内液体接触。随着罐车内注入的液体增加，手套内的液体被压进液位计显示管中，保证手套内外两侧罐车液位和显示液位高度相同。该项技术的优点包括罐车内的杂质不会进到显示管中；显示液当中是防冻液，在冬季生产时不容易冻住；观测液位清晰、准确。用乳胶手套改造液位计实质上是应用了连通器的原理，把它称为不连通的连通器，连通的是内外压力相同，不连通的是显示液和罐车内的液体，用乳胶手套将两种液体隔开，显示管内保持是清洁的防冻液（图3–38）。

图 3-38　罐车液位器的应用

## 四、启示

移植法在我们的生产、生活中应用非常广泛，俗称为“拿来主义”。在进行移植的时候，我们首先要思考的问题是为什么要移植，移植什么，移植后能够达到什么效果，再做出是否移植的决定。很多时候人们会认为移植法就是将成熟的产品进行移植，没有技术含量，其实是需要一定的技术检验和因地制宜的思考才能实现的。另外，要注意在解决生产难题的时候，如果已经有能够解决问题的方法或者产品，就没有必要再重复研发，而移植拓展到不同领域，就是我们俗称的“跨界”。

## 第五节　变形法

### 一、概念

变形法是指通过改变原有物体内外部的形状及结构来满足新的要求，这种改变不影响原物体的基本功能或功能的增加。

在技术革新中，常见的变形形式包括以下 3 种。

**1. 结构变形**

通过物体结构、形状的改变，增加新的功能。例如，在椅子上移植合页，让其各个“关节”都能动起来，椅子通过外形的变化实现不同的使用功能：座椅［图 3–39（a）］、躺椅［图 3–39（b）］、折叠椅［图 3–39（c）］。

（a）座椅

（b）躺椅

（c）折叠椅

图 3–39　椅子变形

### 2. 温度变形

利用金属的热胀冷缩原理，解决设计的工艺要求。例如，让加工的轴件紧密贴合在齿轮的中心孔中，首先对齿轮的内孔进行加热使其产生热膨胀，内孔径增大后将轴件放入其中，温度降低后内孔收缩，轴件被抱死（图 3-40）。

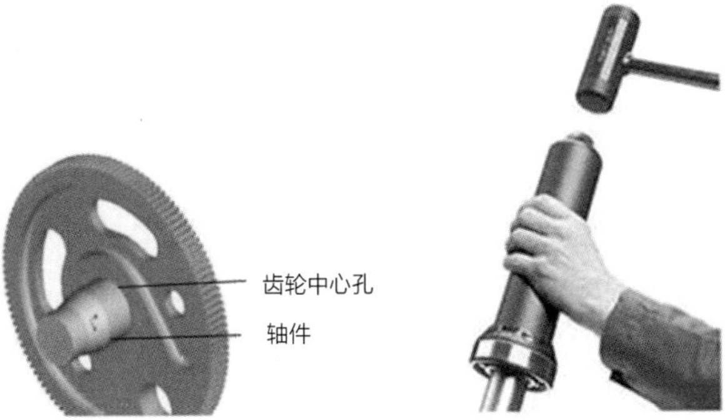


图 3-40　齿轮（轴承）与轴配合

### 3. 局部变形

在某一特定区域内（局部的）改变某个事物的局部特性，以便获得某种所需的功能特性。例如，将普通鞋子［图 3-41（a）］的局部位置进行变形，增加鞋底厚度［图 3-41（b）］，满足不同人群的需求。

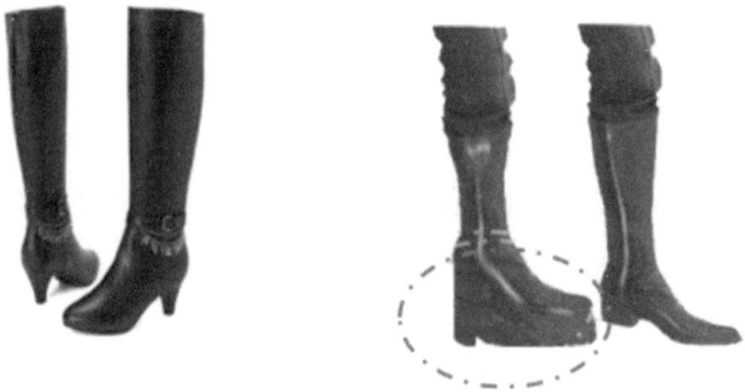

（a）普通鞋子　　（b）鞋底增厚

图 3-41　鞋底变形

二、生活案例

**1. 变形的钢丝**

（1）引出问题

我们在生活中可以根据需要自己动手制作一些物品，例如，可以通过改变一捆铁丝的外形，做成铁丝网、晾衣架、钩子、耙等工具（图 3-42）。

（2）解决方案

无论将铁丝做成钩子还是晾衣架，每一次形变都实现了新的功能，但是其本质没有改变，仍然是铁丝，这就是典型的变形法。

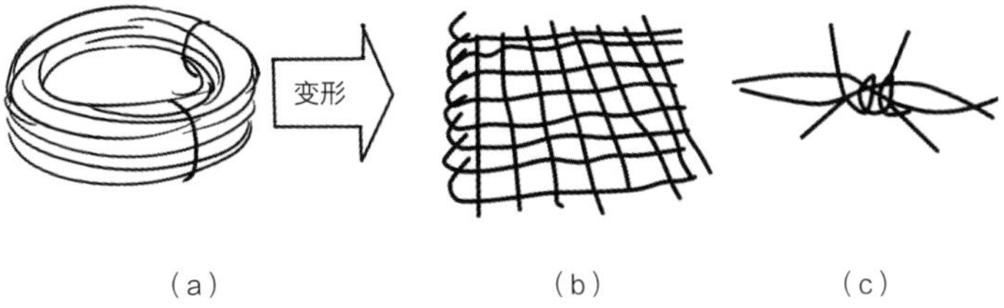


图 3-42　变形的钢丝

## 2. 可以变大的玩具球

（1）引出问题

在日常生活中，经常看到有的小孩拿着一个很小的玩具球，向上抛出之后，球会逐渐变大，变成原来球体的几十倍，当球回到手中或落在地上后会自动变小（图 3-43）。这种变化是如何做到的呢？

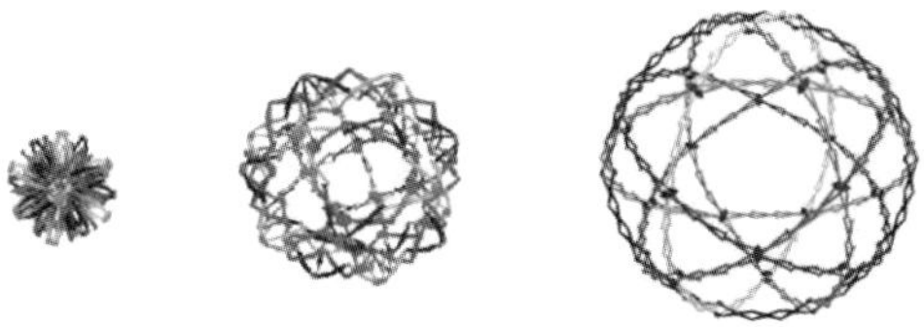

图 3-43　可以变大的玩具球

（2）解决方案

这种可变大的玩具球由一些小组件组成，变小时各个组件交织在一起。当球被抛出后，各个组件相对移动，整个架构逐渐变大，这就是小球变大球的原理。

## 三、生产案例

### 1. 极限调偏密封填料盒的研制

（1）引出问题

密封填料盒是抽油机井井口作业流程的重要组成部分，在井口作业流程中主要起到固定管线与上下运动的光杆之间的密封作用。使用密封填料盒时要求光杆必须在它的中心位置，否则容易由于偏磨而引起密封填料盒损坏，影响其密封效果，造成原油外泄。然而，在实际生产过程中，有些抽油机井由于原井口作业流程下沉、打井时偏离等原因，会存在光杆不在密封填料盒中心位置，造成密封填料盒损坏，出现井口跑油的事故，即使调整也达不到对中的要求。

（2）解决方案

如何解决这一难题呢？其实原有密封填料盒本身就具有一定的调偏功能，我们通过现场拆解和仔细研究发现，光杆和密封填料盒存在对中问题的原因是：原有密封填料盒调偏部位只能实现转角调整，不能实现水平调整。由于原来的调偏球体积过小，束缚了它的水平位移调整，只需把这部分体积放大，掉转球头能够随着光杆的位置变化而发生水平位移，就能实现光杆始终处在密封填料盒的中心位置，避免了光杆偏磨现象的发生。

对密封填料盒的调偏位置进行体积放大处理，实现它随偏调偏的功能。光杆发生偏移时，球头随着光杆偏移方向产生水平位移；光杆偏移多少，球头就水平移动多少，这样光杆始终处在密封填料盒的中心位置，避免了偏磨现象的发生。这种体积放大就属于一种变形，是变形法的灵活运用（图 3-44）。

（a）变形前

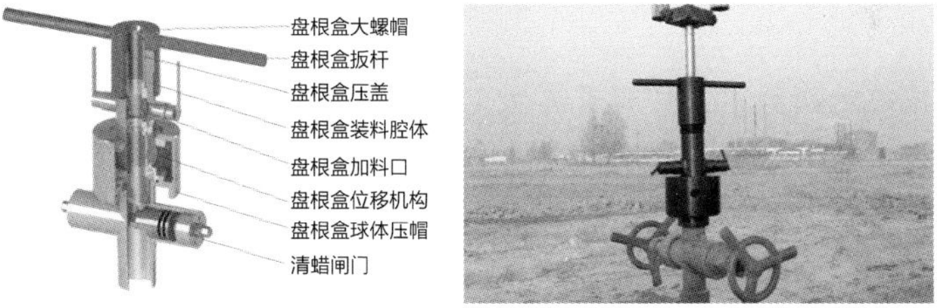


（b）变形后

图 3-44　极限调偏密封填料盒原理

该项成果经过现场应用，水平调偏最大达到 15 毫米，转角调偏最大达到 7 毫米，极大地满足了抽油井密封填料盒调偏的需求。这项成果在全国能源化学地质系统优秀职工技术创新成果评比中获得一等奖，目前在大庆油田全面推广使用。

**2. 快速卡箍片的研制**

（1）引出问题

卡箍片油井液面测试是采油行业中的一项重要工作，通过测试数据，我们可掌握油井井下生产状况，了解油井的产油能力，及时调整油井的生产方案。然而，在测试过程中，需要把测试枪连接在套管阀门上，用卡箍进行连接。这是一项比较烦琐的工作，操作过程中需要将卡箍螺钉拧紧，确保连接部位无渗漏，以满足测试要求；测试完毕，还要将卡箍拆卸下来，安装到下一口油井。工人每天的测试工作量为 20 ~ 30 口井，仪器安装、测试、拆卸一整套程序，也要重复相同的次数，工作量非常大。如何在做好测试工作的同时，减轻工人的工作量呢？

（2）解决方案

如果把卡箍的螺钉去掉，换一种方式紧固测试仪器，是否能节约时间、提高效率呢？为此，我们对连接卡箍的结构进行了重新设计，把卡箍片一端的螺钉去掉，并制作成类似合页的构造（可进行翻转、折叠），将另一端做成凸轮反转结构，并配有卡扣，方便卡箍的紧固。现场试验发现，新型卡箍相较于传统卡箍拆装效率提高了上百倍（图 3–45）。现在，工人只需要两秒钟就能将测试仪器安装完毕，并达到安全标准，大大提高了测试效率，降低了劳动强度。目前该项成果在大庆油田全面推广使用。

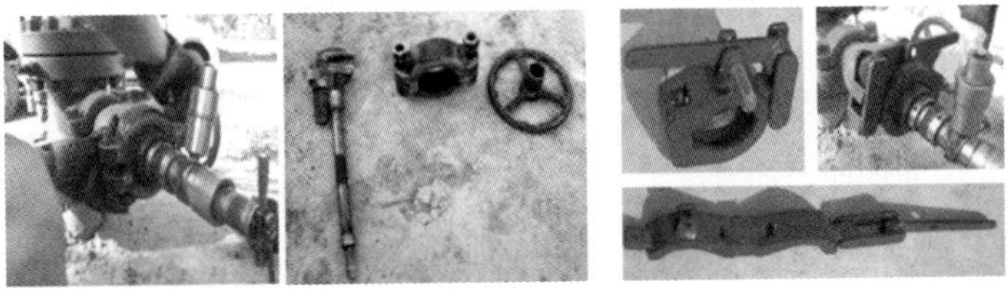

图 3–45　快速卡箍片的研制

## 四、启示

变形法并不是简单地改变外形，而是通过改变原有物体的形体、结构以及使用原理，达到新的使用要求。通过变形调整系统的状态，最终达到减少材料消耗、改变运动状态、提高其理想度的目的。变形法的宗旨是通过“变”让原系统存在的问题得到解决，当然也不能随心所欲地变化，要遵循利用本体、改变本体、本体功能本质不发生变化的原则，从而使其系统资源达到最优状态。

## 第六节　迂回法

### 一、概念

迂回法是战术上的一种叫法，是解决生活和生产中难题时普遍使用的一种方法。在技术革新中，迂回法是指当某一难题长时间解决不了时，我们可以改变解决问题的方向，也就是绕过出现的问题，从另外的方向或角度来解决问题，从而使问题迎刃而解。

在技术革新中，常见的迂回形式包括以下两种。

**1. 上面问题下面解决**

过去的房屋大多是干打垒的，每年开春人们都要往房顶运泥土，以便修理房顶，防止漏雨。如何将装泥土的桶从下面运到房顶是个难题。采用迂回法中的上面问题下面解决，换个角度分析，即采用吊杆技术，就可以实现人在地面通过上下拉动吊杆把泥土桶运到房顶（图 3–46）。

**2. 左面问题右面解决**

迂回法就是采用“声东击西”战术，例如，在足球比赛

图 3-46　用桶运泥土

中，足球运动员射门时经常是对守门员虚晃一枪，看似是把球踢向守门员，其实球却进入球门的另一端（图 3-47），实现左面问题右面解决。

图 3-47　踢足球

## 二、生活案例

### 1. 巧妙炸掉敌人的碉堡

（1）引出问题

战争片中常有这样的场景：战士攻击敌人的碉堡，但碉堡火力太猛，从正面很难冲上去，许多英勇的战士倒在敌人碉堡的火力中。为了攻占高地，夺取胜利，必须要捣毁碉堡。

（2）解决方案

为了躲避碉堡的正面火力，战地指挥员选派一小股突击队，悄悄迂回到敌人碉堡的侧面，从敌人火力薄弱的地方把碉堡炸掉，从而减少了战士的伤亡，这种方法就是战斗中的一种迂回战术（图 3-48）。

（a）正面攻击　　（b）侧面攻击

图 3-48　迂回战术

### 2. 司马光砸缸的故事

（1）引出问题

在司马光七岁的时候发生过这样一件事：一天，一群小朋友在大水缸旁玩耍，突然一名小朋友不小心掉进了大水缸，其他小朋友顿时傻了眼，都不知如何是好。看着掉进水缸里的小朋友拼命地呼救，大家都跟着叫喊“救命！”小朋友们只是慌乱地呼喊，却没有办法营救。

（2）解决方案

司马光也同样焦急，和小伙伴们一起喊叫，但他多了一分冷静。怎么办？忽然间，司马光急中生智，立刻搬起一块大石头向大水缸底部砸去，水缸被砸破了，水流了出来，缸中的小伙伴得救了（图 3-49）。故事中司马光采用的就是迂回法。由于缸高、人矮、力气小，小伙伴无法从大水缸上面解救小朋友，但是司马光把思路迂回到缸底，就想到了合适的方法，解救了小朋友。

图 3-49　司马光砸缸

## 三、生产案例

### 1. 新型配水装置的研制

（1）引出问题

注水井经过长期使用，会导致管线锈蚀和水质不达标，进而造成井下杂质较多，容易堵塞水嘴。为了避免堵塞水嘴，通常采取的洗井方法是将井下杂质清洗出来，保证正常注水。洗井时洗井液需要经过高压配水装置才能注入井底。由于高压配水装置型号不同，使用的水表也不同，在高压冲洗水的冲击下，水表容易损坏。为了防止冲坏水表，在洗井前需要工人先开井取出水表，洗井后放入水表再关井，之后才能恢复正常使用，洗井工作效率极低。怎样才能在不取出水表的情况下，完成洗井工作呢？

（2）解决方案

如果在洗井时，洗井液不流经水表，水表就不会被冲坏。按照这个思路，我们在水表下面设计一条洗井管线，直接连接到水表的出口位置，洗井时洗井液绕开水表，这样既能够完成洗井工作，又可以避免反复开关井取放水表。这个方法不仅节省了工人的工作量，还提高了工作效率（图 3-50）。

在这个案例中，我们没有解决水表容易被冲坏的问题，而是将洗井液迂回到水表后侧进行洗井，绕开了矛盾主体。新型配水装置在大庆油田全面推广应用后，降低了岗位工人的劳动强度，取得了很好的效果。

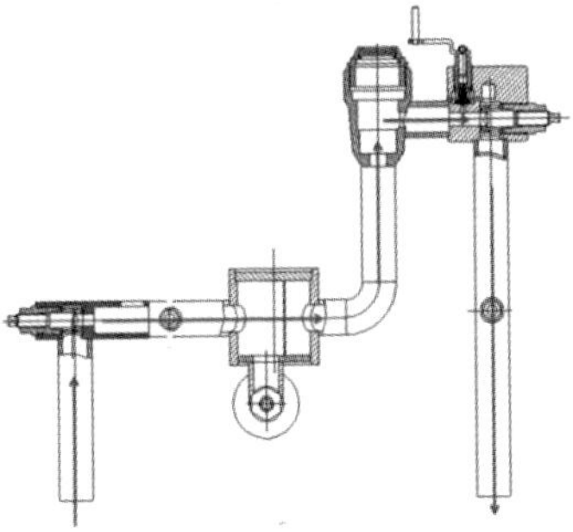

（a）常规注水井洗井

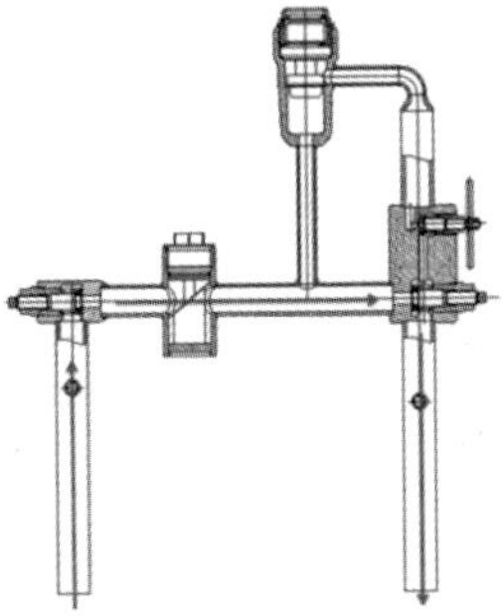

（b）新型配水装置洗井

（c）新型配水装置现场应用

图 3-50　新型配水装置的研制

**2. 免攀爬测试防喷管的研制**

（1）引出问题

在大庆油田的众多工种中，其中一个工种为采油测试工。这个工种工人的主要工作任务是每天测量并按照配注方案调整注水井单层水量。测试工作需要在注水井井口之上 3 米多高的防喷管操作平台上完成。工作时，测试人员将 80 多斤重的测试仪器举过头顶放入防喷管内。由于测试仪器体积、重量大，极易发生测试人员坠落事故，存在极大的安全隐患。仅通过改进防喷管，目前难以避免高空作业的危险。但如果不在高空作业，能够实现在地面进行操作，问题不就迎刃而解了吗？

（2）解决方案

通过迂回法调整思路：把仪器从顶部放入调整为从底部放入，只要通过防喷管转动即可实现顶部和底部的位置交换，也就可以实现在地面操作了。按照这个思路，经过无数次调整和改进，我们最终研制出新型免攀爬测试防喷管（图 3-51），成功解决了测试时需要攀爬的问题，实现了操作既简单又安全的目的。

（a）有事故隐患的测试防喷管　　（b）免攀爬测试防喷管

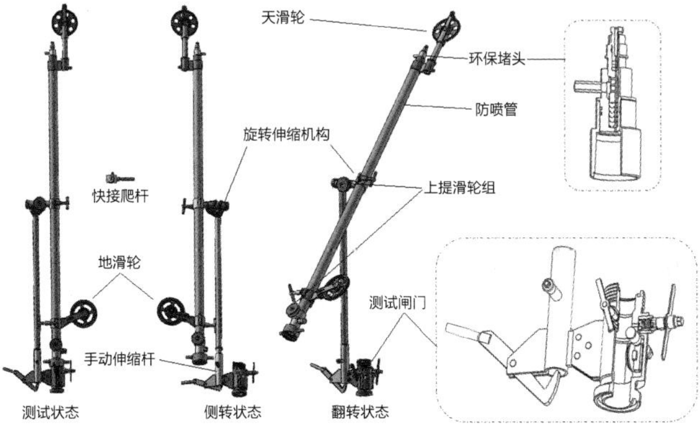


（c）免攀爬测试防喷管结构

图 3-51　免攀爬测试防喷管的研制

## 四、启示

迂回法的意义在于回旋和环绕，是八种解决生产难题方法中最巧妙的形式。我们面对难题往往迎难而上，但当从正面解决不了问题时，就需要采取迂回的策略，绕开矛盾的主要方向，独辟蹊径，找到解决难题的最佳方案。

## 第七节　逆反法

### 一、概念

逆反法是指在发明创造过程中，针对确定的问题和目标，采取逆向思维的方法明确新思路，提出新解法或新设想，以实现发明创造的创新技法。

所谓逆向思维，通俗地讲就是“反过来想一想”，是一种逆常规的思维方式，是正向思维的对立面。

在技术革新中，常见的逆反形式包括以下两种。

**1. 工具逆反使用**

工具逆反是指对工具的使用方向进行逆向思考。例如，过去人工制作布鞋需要纳鞋底，锥子只能正向扎眼，来回穿线需要手工操作，非常烦琐。为了改进这种纳鞋底的操作方法，人们开始思考如何让锥子在扎眼回抽时能够将线带回，在扎眼的同时又能实现穿线的功能，于是研制出具有扎眼、穿线双功能的锥子（图 3-52）。

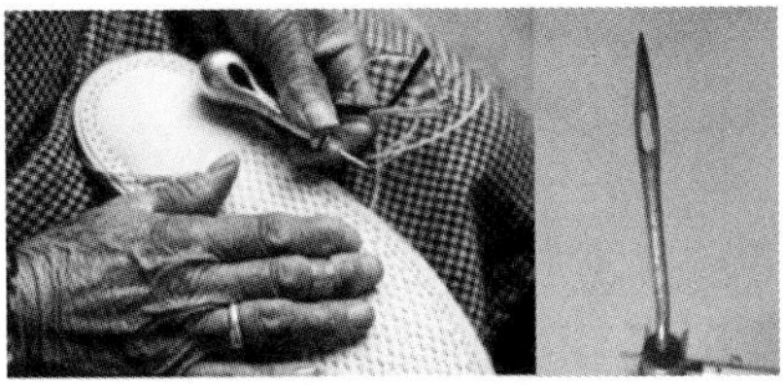

图 3-52　双功能锥子

**2. 原理逆反使用**

原理逆反是指针对机械的基本原理进行逆向思考，产生新的创意，形成新的成果。例如，手持电转逐步实现了正反转功能，具有拧螺钉和卸螺钉两个功能（图 3-53）。

图 3-53　手持电转正反转功能

## 二、生活案例

**1. 能够正转和反转的家用换气扇**

（1）引出问题

换气扇在工矿企业中比较常见，一般都是单向旋转的。

但企业在不同时期有不同需求，有时需要往外排气，有时需要往里吸气，买两个换气扇既费钱又占地方，能否让一台换气扇同时具有这两种功能呢？

（2）解决方案

新型换气扇应运而生，正转往外排气，反转往里吸气，一个风扇能够实现两种功能，满足了企业的实际需求（图3–54），这种既能正转又能反转的解决问题方法称为“正反法”。

图 3–54　能够正转和反转的换气扇

**2. 军锅的妙用**

（1）引出问题

第一次世界大战期间，伤亡的士兵既有因为头部中弹的，也有因为被砖瓦石块砸伤致死的。

（2）解决方案

一名法国士兵在战斗中冲锋陷阵，迎面而来的既有炮火又有飞落的砖瓦石块。他突然发现身旁有一口锅，为了避免牺牲，把这口锅顶到头顶上继续战斗。战斗结束后，只有他没有受伤。指挥官问他：“你怎么没受伤？”他说：“报告指挥官，我把一口锅顶在头上，所以没有受伤。”这给了指挥官一个重要的启发，如果打仗的时候给每名战士发一口锅，战士们顶着锅冲锋，受伤的概率一定会大大降低，而且战斗之余还可以用锅来做饭（图 3–55）。后来，人们在此基础上发明了钢盔。

图 3–55　军锅的妙用

## 三、生产案例

### 1. 巧取注聚泵密封填料

（1）引出问题

在油田开发后期，为提高原油采收率，工人会将注水驱油改为注聚合物驱油。注聚合物驱油是指通过注入井向油层中注入聚合物，将更多的石油驱离出来，从而增加产量，提高采收率。注聚合物时用的注聚泵是一种柱塞泵，最容易磨损的部位是密封填料，所以需要经常更换。但是，取密封填料并不容易，非常费力。因为在注聚泵运行过程中，密封填料被压得非常紧，所以取密封填料时即使使用起子、钩子等工具也是非常费力的。工人一般需要用一个多小时才能将一个密封填料全部取出，工作效率非常低。能否用一种简单的方法更换密封填料呢？

（2）解决方案

经过长期的观察和调整，我们制作出了一个密封填料取出、填加工具，取出密封填料时，将泵顶端的泵盖卸下来，用推力杆将密封填料一次性全部推出；填加密封填料时，将需要更换的密封填料套在推力杆的前端直接拉入密封填料盒。经过一推一拉，简单地实现了密封填料的取出、填加功能，更换密封填料的过程是个逆反的过程（图 3-56）。该项工具发明之后已经在注聚站进行推广应用。

**2. 更换环形降压套**

（1）引出问题

注入聚合物时通过环形降压套来控制各层的注入量，要

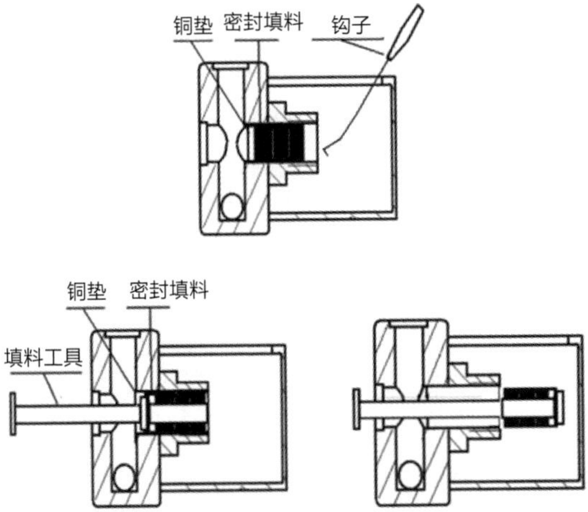


图 3-56　取出、填加注聚泵密封填料

保证各层达到规定的注入量，需要经常调整和更换井下环形降压套。但调整和更换井下环形降压套的过程非常费时费力，首先需要停井、泄压、拆卸进口丝堵，再下入专用打捞工具——打捞锚打捞（一次只能捞出一个环形降压套，三个层段的降压套需要进行三次打捞作业）。将打捞上来的环形降压套调整和更换后，还须重新下入井内，用定锤把环形降压套打紧、打实。能否设计一种打捞锚将三个层段的环形降压套一次性卸载并全部捞出呢？

（2）解决方案

使用新的打捞锚可以将工作效率提高 3 倍，正着能当提捞锚，反着能当定锤。我们设计了一个环形降压套拔定器（图 3–57），现场应用效果极佳，可以提高工作效率高达 15 倍以上。

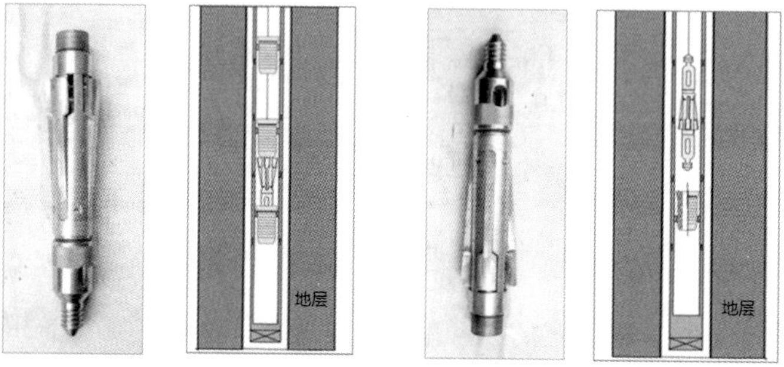


图 3–57　环形降压套拔定器

## 四、启示

逆反法就是反其道而思之，反其道而行之，用与原来相反的动作达到相同的目的。在空间上将对象翻转，包括上下翻转、左右翻转、前后翻转、内外翻转，或是在时间上将先后顺序颠倒，在逻辑关系上将原因和结果颠倒。

## 第八节 仿生法

### 一、概念

仿生法是指根据生物的外形和内在原理创造出新事物的一种方法。几十亿年前，生物就在地球上出现了，而人类有意识地向它们学习却是在20世纪中叶才开始，在与生物接触的过程中，人们通过细心的观察，从它们身上得到启发，找到解决问题的方法，这种有意识模仿生物的方法叫仿生法。

在技术革新中，常见的仿生形式包括以下两种。

**1. 仿生物形态**

例如，人类为了捕捉青蛙，制作出能够模仿青蛙叫声的发声器（图3-58）。当发生器工作时，青蛙向发声器的地方聚集，实现捕捉的目的。

图3-58 仿生物发声器

### 2. 仿生物原理

苍蝇被称为四害之一，令人讨厌，但科学家却仿照苍蝇的结构原理，研制出新型导航仪、振动陀螺仪等设备。例如，苍蝇的复眼包含 4000 多个可独立成像的单眼［图 3-59（a）］，几乎能看清 360 度范围内的所有物体。在苍蝇的启发下，人们研制出由 1329 块小透镜组成的一次可拍 1329 张高分辨率照片的仿蝇眼照相机［图 3-59（b）］，在军事、医学、航空航天领域被广泛应用。

（a）苍蝇复眼　　（b）仿蝇眼照相机

图 3-59　仿生物照相机

## 二、生活案例

### 1. 田地里的稻草人

（1）引出问题

果实的成熟是一件让人高兴的事情，但是也有烦恼伴随，没等收割时，就会有小鸟成群结队地来啄食，需要有人不停地到农田里去驱逐。农民发现小鸟很怕人，当有人看守时，鸟儿一般都不敢靠近，但人一走小鸟就会飞回来。人也无法一直留下来看守，那如何能实现人不在时鸟儿也不敢来呢？

（2）解决方案

为了保证果实不再被鸟儿吃掉，农民们用稻草扎成人的形状，再给稻草人穿上衣服，在风的吹动下，形象更为逼真，似乎有一个真人在田地里晃动，小鸟就不敢靠近了。用稻草人驱鸟就是通过仿照人的外形起到轰鸟的作用（图 3-60）。

图 3-60　田地里的稻草人

**2. 排雷机器人**

（1）引出问题

现代战争中，双方往往会在战场布置很多地雷来阻碍对方的进攻，战争结束后，没有爆炸的地雷就会遗留在原处。和平时期，这些地雷会威胁平民的生命安全，需要把它们排除掉。传统排雷采用人工方式，不但效率低，而且对于排雷的人员还有很大的危险性。是否有更好的方法，不使用人工也能够排除地雷呢？

（2）解决方案

我们仿造人的肢体功能制造出排雷机器人，用它替代人进行排雷作业，这样可以极大地减少人员伤亡，提高排雷速度（图 3–61）。

（a）　　（b）　　（c）

图 3–61　排雷的发展史

## 三、生产案例

**大鹏鸟驱鸟器的研制**

（1）引出问题

小鸟在高压输电线上停留、休憩，在高压输电塔上做窝，这些都容易引起输电线路短路，引发电力事故。常规的方法是在高压输电塔或电线杆上安装驱鸟器［图 3–62（a）］，但经长期使用被小鸟逐渐熟悉后，就会失去驱鸟的作用。针对这种情况，怎样从根本上使这些小鸟不敢落在高压输电塔和电线杆上呢?

（2）解决方案

在自然界中，鹰是鸟的天敌，小鸟非常害怕老鹰。能否按照鹰的外形做一个驱鸟器呢？按照这个思路，我们设计了大鹏鸟驱鸟器，它不仅具备老鹰的外形，而且还能扇动翅膀、发出叫声，小鸟一见到它就吓得跑掉了［图 3-62（b）］。

（a）普通驱鸟器　（b）大鹏鸟驱鸟器

图 3-62　驱鸟器

## 四、启示

仿生法是通过模仿生物的特殊性质来解决生产实践中出现的问题。应用时要了解生物的结构、特质、功能能量转换、信息控制等方面的各种优异特征，为解决生产难题开辟另一种渠道。在实际应用中，无须对生物的各种特质及功能进行细致的研究，但可以借鉴成熟的仿生学应用案例。

仿生法是基于仿生学而总结出的一种革新方法，而仿生学是科学家通过对大自然和动物界中发生的许多奇迹进行仔细观察建立起的一门新兴的学科。仿生学是动物学、物理学、化学、心理学和工程技术相结合的一门独立的边缘科学，通过模拟动物的功能，以改进现有的和创立崭新的机械、建筑结构和新材料、新仪器及工艺研究，创造出许多适用于人们生产、学习和生活的先进技术。仿生法多用于军事、航空航天领域，例如，现代飞机的垂直起降，空中定悬后掉头等诸多方面功能的实现，就是人们深受飞鸟和蚊虫的启发；船和潜艇的发明来自人们对鱼类和海豚的模仿；生物学家通过对蛛丝的研究，制造出高级丝线、抗撕降落伞与临时吊桥用的高强度缆索。

# 第四章

## 确保成果质量的三项保障措施

“283”技术革新法中的“3”是确保成果质量的三项保障措施，即研发前的方案优选、试制中的保障措施以及应用后的改进完善。实施这三项保障措施，可保持成果技术的先进性、前沿性和可操作性。

## 第一节 研发前的方案优选

### 一、概念

方案优选是指针对问题应用利弊分析法从若干设计方案中选出最佳方案。由于设计方案的经济效果不仅取决于技术条件，而且还受不同地区自然条件和社会条件的影响，因此我们选择设计方案时，要综合考虑各方面因素进行全方位分析与对比，结合现实条件，选择功能完善、技术先进、经济合理的设计方案。

## 二、生活案例

### 1. 带酸味的土豆丝

（1）引出问题

小王的妻子突然想吃旅游时曾经在某家饭店吃过的酸味土豆丝，小王赶紧给她炒了一盘，可是妻子吃两口就不吃了，表示不是她想要的那个味道，这可难坏了小王，也不能为吃这个味道的土豆丝立刻飞去那家饭馆啊。

（2）解决方案

其实做酸味土豆丝的方法有很多，比如加米醋、西红柿、酸菜、酸黄瓜等，都能使土豆变酸（图 4–1）。其实当时妻子吃的是酸菜土豆丝，既酸又有清脆的口感，而小王却选择了加醋的方法。

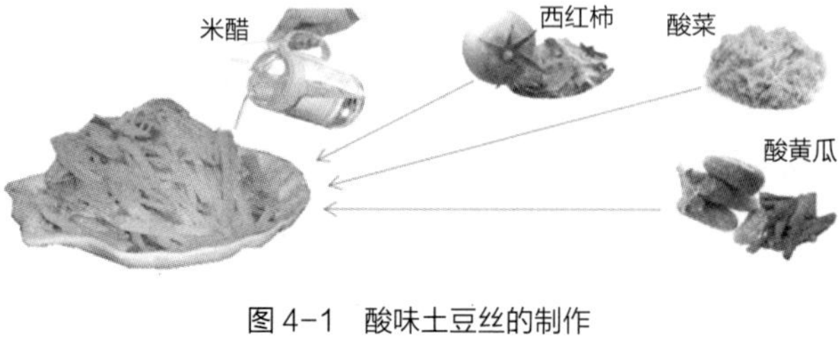


图 4–1　酸味土豆丝的制作

## 2. 容易变形的纸杯

(1) 引出问题

日常生活中，一次性纸杯使用较为广泛。在使用过程中有个普遍问题是纸杯比较软，容易变形，特别是在盛放热水后，还会烫手，水容易洒出来。如何解决这个问题呢?

(2) 解决方案

使用一个简易的托架就能解决这个问题。根据托架的材质不同，成本也会有所区别，日用时选择简易的塑料架，商务接待时使用高档的玻璃架，需求不同，选择也有差异（图4-2）。

(a)　(b)　(c)　(d)

图 4-2　纸杯托架

## 三、生产案例

### 1. 抽油机曲柄开口胀开器的选择

（1）引出问题

抽油机减速箱在长期运行中，箱体内的各零部件会出现磨损变形等现象，需要定期拆卸减速箱进行维修保养工作。维修保养时，首先需要将抽油机减速箱输出轴上的两个曲柄拆掉，拆卸工作比较困难，常用的方法是将斜铁放入曲柄的开口处，用大锤击打斜铁将曲柄开口胀开后，再将曲柄卸下。这种方法简单、方便、快捷，但是同时也存在事故隐患，当击打斜铁时会出现将斜铁击飞的现象，非常危险（图4-3）。

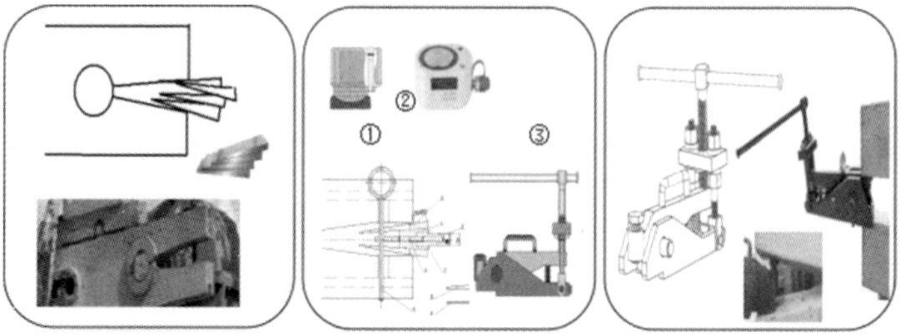


（a）问题　　（b）方案　　（c）优选

图 4-3　抽油机曲柄开口胀开器

1- 斜铁式胀开器；2- 平衡座式胀开器；3- 机械千斤顶式胀开器

（2）解决方案

为解决问题，我们在十六种方案中优化选出三种方案进行对比。第一种方案是利用斜铁原理设计一种曲柄开口胀开器；第二种方案是利用扁千斤顶将曲柄口胀开；第三种方案是根据机械千斤顶原理设计一种曲柄开口胀开器。综合对比操作性、安全性、制作成本等各种因素，确定选择第三种方案。曲柄开口胀开器经过现场应用达到预期效果，只要在工具一端施加一百公斤的力，就能在开口部位产生三十吨胀力，轻松地将曲柄开口胀开，而且安全稳定。

**2. 抽油机井“四点一线”测试方法的选择**

（1）引出问题

在对抽油机井更换皮带时，要进行“四点一线”调整，保证减速箱皮带轮与电动机皮带轮在同一个平面上，这样皮带才能可靠运行，减少磨损［图 4–4（a）］。为保证“四点一线”，通常使用拉线的方法进行检验，需要两名操作员配合，一个人站在减速箱上，另一个人站在地面上，同时拉住一根线绳靠在两个皮带轮外沿，观察线绳与两个皮带轮的间隙。这种测量方式费时费力，操作人员站在抽油机上还存在一定安全隐患。用什么方法测量抽油机的“四点一线”能够简单、安全、高效呢？

（2）解决方案

针对这个问题，我们设计了三种方案［图 4-4（b）］：第一种方案是做一个长木尺，用木尺靠在两个皮带轮的侧面观察“四点一线”状况；第二种方案是准备一根长线绳，在线绳的一端系上磁铁，将磁铁吸附在大皮带轮外边缘，另一端人拽着线绳靠在小皮带轮的外边缘，观察“四点一线”状况；第三种方案是利用激光笔的光柱呈一条直线并可在物体上留有痕迹的特性，用来测量抽油机的“四点一线”。由此，我们设计出由激光笔、激光发射架、透光板、反射板四部件组成的激光校正仪。

通过对三种方案进行综合对比，我们最终确定采用第三种方案［图 4-4（c）］，由一个人即可完成操作，同时测量精准 。

（a）问题　（b）方案　（c）优选　（d）应用

图 4-4　抽油机井“四点一线”校正

使用激光校正仪时，将透光板、反射板用磁铁吸附在大皮带轮上，激光发射器吸附在小皮带轮上，激光投射在透光板和反射板上，即可观察“四点一线”状况，还可读取偏差数值，操作过程安全、高效［图 4–4（d）］。

## 第二节　试制中的保障措施

技术革新要通过过程控制确保成果质量，过程控制为研发成果提供必要的保障。过程控制主要分为三个部分：优化方案和完善图纸、筹集必要的经费、选择专业的生产厂家。

（1）优化方案和完善图纸：规范的设计图纸至关重要，要确保设计原理的安全性、正确性、可加工性等。

（2）筹集必要的经费：可以通过多种渠道得到资金支持，例如，企业支持、个人筹措、寻找合伙人等，要根据需求和个人能力来选择最适合的资金渠道。

（3）选择专业的生产厂家：只有专业的生产厂家才能确保设计成品的加工质量。例如，生产闸门应该找专业的闸门厂家，生产专业仪器要找对应的仪器厂家。

## 一、生活案例

### 1. 厨房用具架的诞生

（1）引出问题

小张是一个美食家，平时也愿意自己做几道菜肴显显手艺，所以买的厨房用具也比较多，菜刀、砍刀、钢勺、铁铲等应有尽有。但是，有时在杂乱的用具中找到想用的还真有点费劲，于是小张开始琢磨如何能够轻松拿到要用的用具。

（2）解决方案

小张自己试着画了几张木制的厨房用具整理架设计图纸，使工具上架，既规矩又好找。小张的想法很好，可是他不是木匠，既没有专用工具也不会制作。后来他找来了专业木匠李师傅，李师傅从专业制作的角度帮助小张优化设计图纸，形成优选方案，并且根据设计图纸计算出制造成本、加工成本、总体预算等。

有了优化后的设计图纸、总体制造预算、专业的制作厂家的保障，一个厨房用具专用架很快就做出来了，小张家的厨房用具再也不凌乱了。小张把所有的厨房用具放到架子上，既美观又方便。当时，小张看到很多大型商场正在销售套装刀具，刀架非常美观。工作在厨具加工厂的小张想：能否将厂里生产的厨房用具也配上架子，包装后销售呢？他的想法得到了老板的大力支持，给他配了两名助手，还拨付了一定资金。他们很快就设计出了多种样式的架子，与专业生产厂家合作，最终生产出了高品质的厨房用具架，市场反响良好，厂家效益大增，小张也因此获得了奖励（图 4–5）。

（a）产生想法　　（b）设计图纸

（c）资金支持　　（d）厂家加工　　（e）形成产品

图 4–5　厨房用具架的制作过程

### 2. 简易鞋架的研制

（1）引出问题

在生活中，任何物品的制作都离不开保障措施。例如，家中经常有客人来访，门口的鞋摆放非常凌乱，面对这种情况时我们总会第一时间考虑通过买一个鞋架来解决问题，可是买不到合适的鞋架怎么办？

（2）解决方案

由于房屋的结构不同，有时我们很难买到合适的鞋架，只能自己想办法焊制一个。这时就需要测量放置鞋架处空间的尺寸，设计出鞋架的具体结构，再根据设计图纸估算出大概需要投入的金额，这样和电焊师傅讨价还价就有了底气。由于有设计图纸、资金、专业焊接师傅三方保障，这个鞋架很快就制作出来了（图 4–6）。

（a）前期保障　（b）中期制作　（c）产品

图 4–6　简易鞋架的制作过程

## 二、生产案例

### 1. 偏心防盗油开关的研制

（1）引出问题

生产井中有一种井口叫偏心井口，由于其特殊的井口结构导致无法安装现有的防盗油开关，因此这部分井经常受到不法分子破坏——从套管放空阀处盗油［图 4–7（a）］，不仅影响产量，还容易造成严重的环境污染，增加了工人的工作量。为了解决偏心井被盗油问题，企业采取了很多防盗措施，但效果都不理想。

（2）解决方案

为了解决这部分井被盗油问题，创新爱好者们设计了很多技术方案［图 4–7（b）］，各有优点，因此很难让决策者下定决心给予资金支持。为此，我们成立了攻关小组，整合设计方的优点，优化出最终的设计方案，为产品的制造、应用奠定了最基本的保障，也为资金的申请奠定了计算依据。根据对使用材质、加工工艺等一系列因素的计算，确定了所需投资金额，在申请资金支持时做到了有理有据，很快申请到了研发资金［图 4–7（c）］。有优化的加工方案和资金保障后，再选择长期合作、信誉良好、有加工资质的生产厂家进行加工，使研发成果获得了巨大成功［图 4–7（d）］。

偏心防盗油开关在现场应用中效果非常好，在保证原油产量的同时，还保护了环境，降低了工人的劳动强度。从研发过程中可以看出，想要取得研发成果，先要广泛听取意见，

（a）提出问题：油井被放油

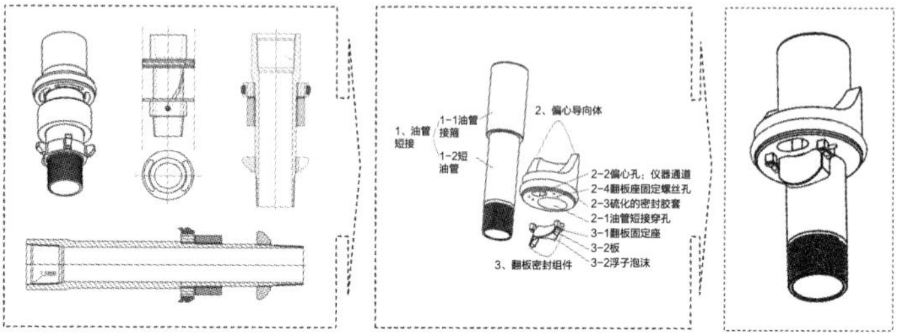


（b）方案设计：图纸优选完善

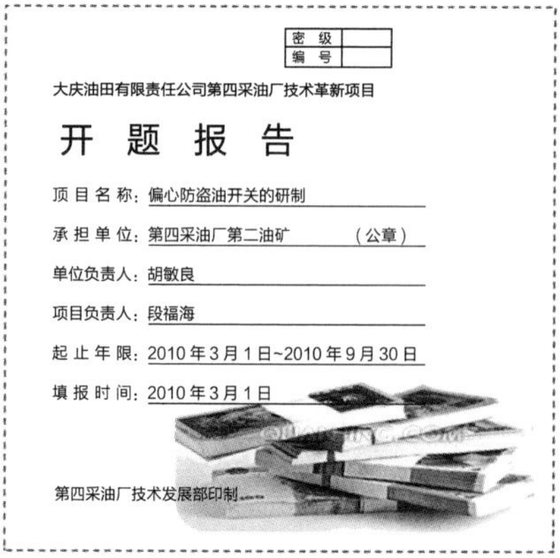

| 密 级 | |
|---|---|
| 编 号 | |

大庆油田有限责任公司第四采油厂技术革新项目

开 题 报 告

项 目 名 称：偏心防盗油开关的研制

承 担 单 位：第四采油厂第二油矿 （公章）

单位负责人：胡敏良

项目负责人：段福海

起 止 年 限：2010 年 3 月 1 日~2010 年 9 月 30 日

填 报 时 间：2010 年 3 月 1 日

第四采油厂技术发展部印制

（c）资金来源：开题申请资金

（d）选厂加工：加工实物照片

图 4-7 偏心防盗油开关的研制

对多种方案进行优选，整合设计完善方案，做到资金预算有理有据，这样申请费用时容易成功，再得到专业厂家的配合，使成果的完成更加顺利。

**2. 测试环保堵头的研制**

（1）引出问题

大庆油田在实现分层注水、分层采油的同时，注水井分层测试工作也应运而生。注水井分层测试是工人采用测试仪器定期测量注水井各注水层段在不同压力下的吸水量；通过注水井分层测试可以了解油层或注水层段的吸水能力，鉴定分层配水方案的准确性等情况；通过注水井分层测试不断地调整注采系统，确保油田注采平衡与科学开采。但是，测试堵头喷水时污染环境的问题一直没有得到解决（图 4-8），由于测试仪器要连接 1000 多米长的录井钢丝，通过测试堵头才能下入井中，再经过绞车带动录井钢丝上下运动进行测试。操作过程中，测试堵头的密封填料如果调节过紧，堵头处不喷水，测试仪器就很难下入井里；如果调节过松，喷水量会增大，就需要测试工人攀爬到 3 米多高的防喷管上不断调整堵头密封填料松紧度，操作过程费时费力，还存在滑脱坠落的风险。油田开采初期工人使用的注入液是清水，喷出的水

环保监察

图 4-8　注水井测试堵头喷水现场

对环境影响不大，但目前使用的注入液中含有聚合物、三元物质等，对环境污染严重。2015 年，大庆油田开始实施国家颁布的《中华人民共和国环境保护法》和《中华人民共和国安全生产法》，安全和环保工作要求更加严格。

（2）解决方案

测试堵头喷水是一个公认的污染环境的问题，这个问题可以成为革新点，通过技术革新的方式解决。问题是测试堵头喷水的情况，解决问题的方向是让喷出的注入液不再污染环境，也就是对喷出的注入液进行定向收集，因此研制能够定向收集注入液的环保堵头是解决问题的优选方向。例如，设计出异形盘根环保堵头、旋转喷嘴环保堵头、仪器锁式环保堵头等［图 4-9（a）］，虽然功能各不相同，但都能够达到收集注入液的目的。这些设计各有优缺点，需要整合设计出一套可行性加工方案，才能解决实物加工问题。为了提供保障（完善图纸、资金申请、厂家选择），我们首先成立了专业的攻关小组，由设计人员、科技管理人员、专业加工厂家技术人员组成，对多个设计方案的草图进行论证，找出优缺点，并且深入生产一线与岗位操作人员进行研究、讨论［图 4-9（b）］。经过设计人员进一步分析、统一共识，科技管理人员指导、论证，专业加工厂家技术人员从加工角度分析技术可行性，最终形成可加工、性能好、成本低廉、满足生产需要

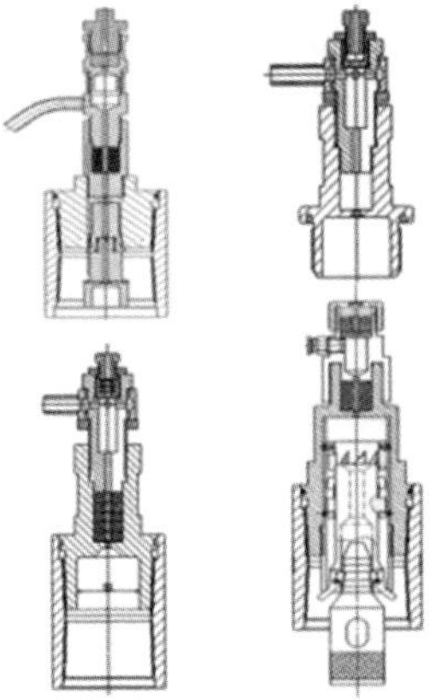

（a）设计图纸

（b）优选方案

图 4-9　设计图纸和优选方案

的加工设计方案［图 4–10（a）］。这种提供成果试制中的保障方式，不仅使方案快速统一、优化、完善形成加工图纸，同时在资金和厂家选择上也得到相应的保障。专业加工厂家技术人员提前参与项目的设计，降低了成果的制作难度，提高了加工性能，保障了加工质量。

有了以上三项做保障，测试环保堵头很快加工制作完成，在现场测试中发挥出优良的性能，实现了喷出液的定向收集［图 4–10（b）］，有效杜绝了污染环境的情况发生。目前，该

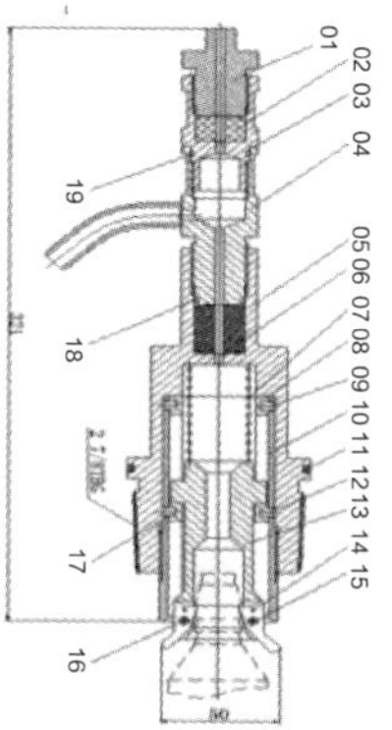


（a）最佳设计方案

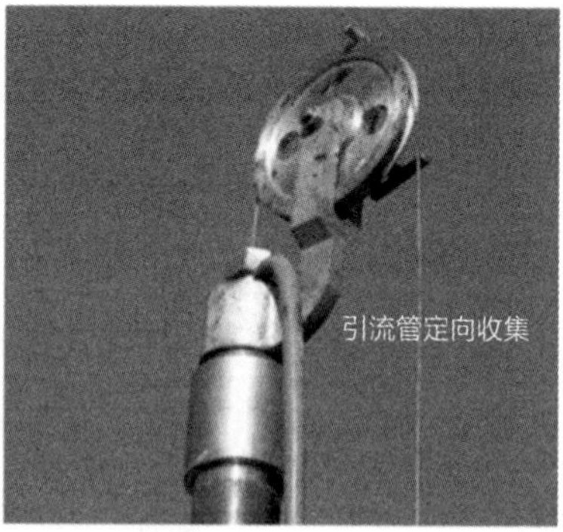


（b）现场实施应用

图 4—10　最佳设计方案和现场实施应用

01—刮水盘根螺帽；02—刮水盘根；03—溢流腔体上帽；04—溢流腔体；05—测试堵头柱体；06—高压盘根；07、10—仪器锁柱体；08—换向滑道；09、12、17—限位螺钉；11、19—密封胶圈；13—换向体；14—扭簧；15—销轴；16—仪器抓手；18—推进压片

项目已在大庆油田注水井分层测试工作中全面推广应用。

## 第三节 应用后的改进完善

技术革新成果应用后，还要经得起现场长期使用的考验，研制人员要经常跟踪使用情况，及时发现应用过程中的问题。例如原理、材料、产品质量、气候变化等一系列问题，不断提出改进完善意见和方案，使其满足生产要求，与时俱进地保障产品的技术先进性，逐步达到推广要求，创造更大效益。

### 一、生活案例

#### 1. 不断改进的“老头乐”

（1）引出问题

过去经常可以看到老年人爱使用的一种解痒工具——痒痒爬，俗称“老头乐”。以前的“老头乐”是用竹子做的，一个长杆，另一端制作成五个手指头的形状，长杆一伸进后背就解痒了。用的时间久了，有人就想，“老头乐”除了解痒能否还有别的用处呢?

（2）解决方案

有人尝试在“老头乐”的另一端安装按摩锤，“老头乐”

便多了一个功能，可以敲击各个关节，解决老年人的关节疼痛问题，带按摩功能的“老头乐”就这样诞生了。后来，有心人又不断改进完善，使其不仅有敲击作用，还把五个手指转变成了刷子。还有人觉得“老头乐”太长，日常生活中不便于存放，于是把其改装成伸缩式，也就是利用嵌套原理，把多个杆嵌套在一起，像电视机天线一样，使用时可拉长，不用时可缩短，存放和携带方便。任何事物都需要不断改进、完善、创新，才能不断满足新的需求，变得功能强大，更加实用（图 4–11）。

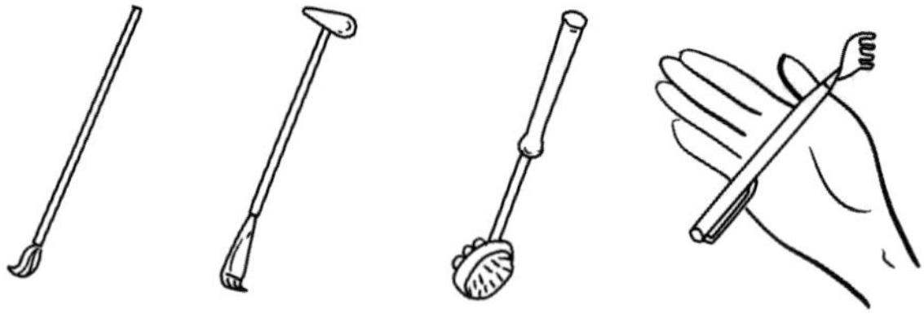

（a）　（b）　（c）　（d）

图 4–11　老头乐的改进过程

**2. 手机的发展**

（1）引出问题

过去我们使用的通信工具主要是有线电话，只能在固定位置使用。随着社会的发展和人们生活需求的提高，固定电话已经不能满足人们使用的需求。

（2）解决方案

为此，通信领域的科技人员想到，电话能否移动呢？后来，就有了子母机。可是人们使用子母机时，在距离上还是有一定的限制，不能实现真正的移动。经过科技人员研发，出现了真正的移动电话——手机。最初的手机体积较大，功能单一，只能接打电话。随着人们需求的逐步提升，手机产品也在不断完善、改进、升级，逐渐发展为智能手机。现在的智能手机不仅能收发短信，还具有电子支付以及看电视、看新闻、网上购物、照相、看视频等功能，智能手机已经成为人们生活中不可缺少的一种工具。从有线电话发展到智能手机，就是人们不断追求创新、不断追求极致的过程（图 4–12）。

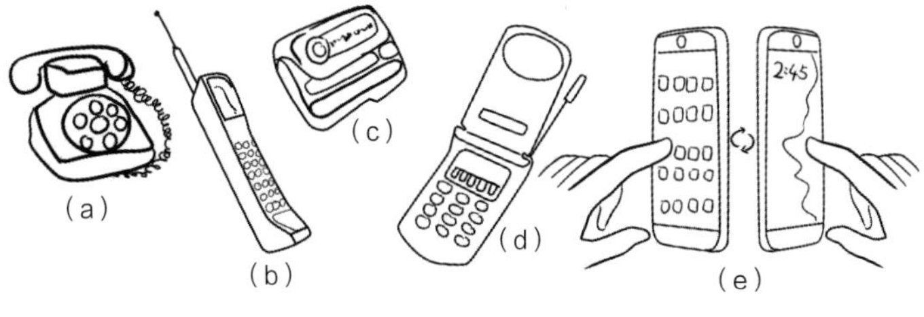


图 4–12　智能手机的发展过程

## 二、生产案例

### 1. 套管防盗油开关的持续改进

（1）引出问题

为了解决盗油问题而研制的滑道式套管防盗油开关，在现场实际应用中达到了设计要求，并推广进行应用。经长时间使用后发现，由于井下环境比较恶劣，水垢、杂质等在滑道上沉积形成小颗粒，滑道在向下运行过程中出现卡顿现象，降低了防盗效果。

（2）解决方案

由于滑道式套管防盗油开关应用效果不理想，我们重新设计了滑片式防盗油开关，当油气喷出时，滑片套在油管的外壁滑动。滑片式防盗油开关与滑道式套管防盗油开关相比，可以避免水垢、杂质等导致滑道运行过程中出现卡顿现象，滑片向上滑动开启开关，更灵活，防盗油效果明显优于滑道式套管防盗油开关，已经大面积推广应用600套。滑片式防盗油开关虽然整体应用效果理想，但对于没有产生气体的油井应用效果不好，原因是滑片的运动是依靠井下气体推动的，对于气压低，甚至没有气体的油井，油流从井下沿套管向上举升无法推动滑片，无法达到防盗油目的。如何解决这个问题呢？我们在滑片的周围安装了一个浮子套，液体对滑套外面的浮子产生向上的浮力，带动滑片向上运动，这样无论井下是否有气体，只要液体到达浮子位置，滑片在浮子的推力作用下就会向上运动，实现通道的自动关闭。开关的整个改进过程是持续跟踪、不断改进、不断融入新技术的过程，是为了满足生产需要不断调整的过程（图 4–13）。

（a）被盗油井

（b）滑片式

（C）浮子式

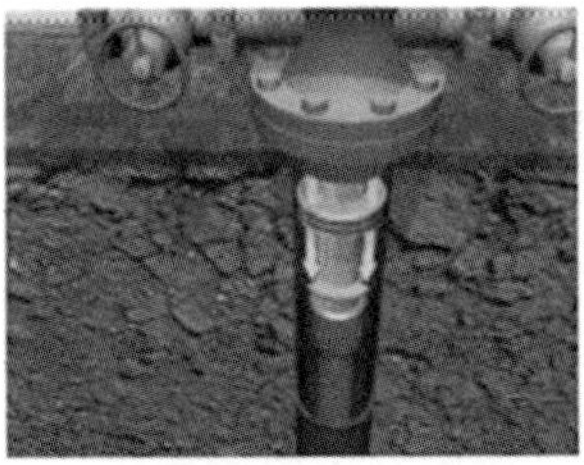

（d）井下防盗应用

图 4–13　套管防盗油开关的持续改进过程

**2. 测试防喷管的持续改进**

（1）引出问题

注水井测试中，需要测试工人站在 3 米多高的防喷管作业平台上，将测试仪器放入防喷管内，进行井下层段测试。操作过程中操作人员由于受风力的作用无法站稳，容易从平台上跌落造成人身伤害。如何解决这个问题呢？我们通过长期的观察、设计，研制出安全环式测试防喷管，应用到现场中效果很好，但安装仪器时仍然需要操作人员站在专业平台上进行操作。应用一段时间后，有人提出，操作人员能否站在地面上就可以把仪器下入井内呢？

（2）解决方案

目前操作人员测试时将仪器从防喷管上端放入，要想不在防喷管平台上放入仪器，就得让防喷管的上端翻转下来，实现在地面上装入仪器，然后再将防喷管立起来。基于这个想法，我们研制出了折叠式防喷管，可以避免高空测试作业，非常安全。测试工人都抢着使用折叠式防喷管。可是过了一段时间后，大家又不愿意用了。折叠式防喷管虽然解决了测试时登高的问题，但是立管操作烦琐。经过三年多的努力，我们将折叠式防喷管改进成免攀爬测试防喷管，受到测试工人欢迎，安全部门也给予认证，成果获得大庆油田“重大技术革新奖”特等奖，在大庆油田进行推广和应用。后来，我们在这个成果的基础上又进行了两次持续改进（手摇式和液压式）。目前免攀爬式、手摇式、液压式防喷管都在生产中进行推广应用，成为物资部门采购的设备。

从这个案例可以看出，创新成果需要不断地跟踪、改进和完善，才能更加成熟，更加满足生产需要，创造效益，进行推广应用（图 4–14）

（a）高空井口测试操作　（b）安全环式测试防喷管　（c）折叠式测试防喷管　（d）免攀爬测试防喷管

图 4–14　测试防喷管的持续改进过程

# 第五章

## 『283』技术革新法的实施步骤

"283"技术革新法的实施步骤是对每一步如何实施进行详细解读。员工遵循实际生产案例，一步一步开展技术革新，同时通过找问题、定方案、保措施、善总结四步进行练习，可以有效地提升技术革新能力。

## 第一节　实施步骤

好的工作方法要通过好的实施步骤使更好的思维方式得以充分发挥。"283"技术革新法也是如此。

第一步：利用"2"找到并描述问题，设立目标。我们对问题认识的程度往往决定了解决问题的深度和广度。

第二步：利用"8"分析并寻找解决问题的方法和手段，确定解决方案。分析主要是采取创新性思维方式进行，要对每一个方法进行具体分析，通过发散思维分析中的用途发散、功能发散、结构发散和因果发散，尽可能多地找到可用于解决问题的现有资源，再通过收敛思维对这 8 种方法需要使用的资源进行综合分析，根据现有技术情况进行裁剪、组合、合并、优化资源，得到最佳解决方案。这一步是对问题从不同层次、不同角度、不同方向进行探索，从而提供新结构、新点子、新思路和新发现的思维过程。

第三步：利用“3”创建方案实施的保障措施，是决定方案能否得到实施的关键一步。成果通过在实际生产中的不断应用得以持续改进、与时俱进，技术始终处于最优状态，满足生产的需要。

第四步：总结方案实施过程、效益以及实现设定目标的情况。通过成果的研制、应用、总结确定解决问题的程度，从四个方面进行总结，即安全性、新颖性、实用性和效益性，为进一步规模化推广提供依据。

## 第二节　生活案例实施步骤——水桶堵漏

### 一、找问题

我们用木桶打水时，常因其不结实而发生漏水现象。木桶漏水是我们直接感受到的问题。当木桶漏水时，其实损坏还不严重，我们首先想到的不是买一个新桶，而是将木桶修补好再利用。因此，设定目标为将木桶修补好。

### 二、定方案

在方法清单中检索，初步选择解决木桶漏水的方法是组合法和移植法。基于现有条件，综合考虑简易、方便、经济等诸多因素，最终确定用组合法解决该问题。在圆木、抹布、铁皮、塑料、圆钢等组合材料中，根据材料与本体的物源一致性，最终优选出木桶与木板的组合方式。

### 三、保实施

确定组合方式后，在此基础上创造解决问题的条件。

（1）设计、优化出相应的图纸，保证其数据、结构的正确性。

（2）根据设计方案，制定所需资金预算，修木桶只需要很少的资金，通过自筹即可解决。木桶修补工艺简单，仅需要锯子、锤子、木板、胶等用具和材料，自行修补即可。修补完后，要经常观察修补情况，如再发生漏水，应及时总结经验，改进修补方法，直至达到预期目的。

## 四、善总结

根据修补水桶漏水问题进行归纳、总结、评估。虽然解决水桶漏水问题的经济价值不是很高，但是很实用，同时我们在解决问题的过程中思维得到了锻炼，技能得到了提高，实现了我们的最初设计目标：不买新桶，将木桶修补好（图5-1）。

图 5-1　水桶堵漏的解题步骤

## 第三节　生产案例实施步骤——节能密封填料盒的研制

### 一、找问题

小张遇到了抽油机密封填料漏油的问题。实地调查发现，这几口井密封填料盒上沾满油污，小张每隔几天就加一次密封填料，可还是无法解决漏油的问题，而这个问题在现场是普遍存在的。

井口密封填料盒漏油的问题是采油工小张和大家能够直接感受到的，也是经常遇到的问题，当采油工人自己解决时就是直接获得革新点，当其他人来帮助解决时就是间接获得革新点。井口密封填料盒漏油问题是表面现象，同时还存在其他问题也亟须解决，为此小张成立了攻关小组，对抽油机密封填料盒漏油的问题进行分析。

（1）抽油机密封填料盒的作用：密封填料盒是抽油机井口的重要设备，位于光杆与井下管柱的衔接处，可防止井底采出液外喷，它是影响抽油机井生产管理和系统效率的关键点（图 5–2）。

图 5-2　抽油机井密封填料盒漏油情况

（2）两个问题始终制约着生产管理和节能降耗工作。第一是密封填料利用率比较低，一般不足 10%，90% 以上的密封填料都被浪费掉了，而且更换填料工作量大、时间长，影响产量；第二是不易掌握调整密封填料的松紧度，过松容易造成井口跑油、漏油现象，过紧会使抽油机的负荷增大、耗电增加、系统效率降低。在现场试验中，当密封填料盒的内部压力在 100 ~ 150 千克力时产生微漏，此时节能效果最好，但是压力值的区间不易控制，容易造成抽油机密封填料过松或过紧（图 5-3）。

（a）松　　（b）紧　　（c）测

图 5-3　抽油机井密封填料松紧情况

经过分析，需要解决的问题是密封填料利用率低以及过松或过紧，最终目标是研制抽油机井节能密封填料盒，彻底解决问题（图 5-4）。

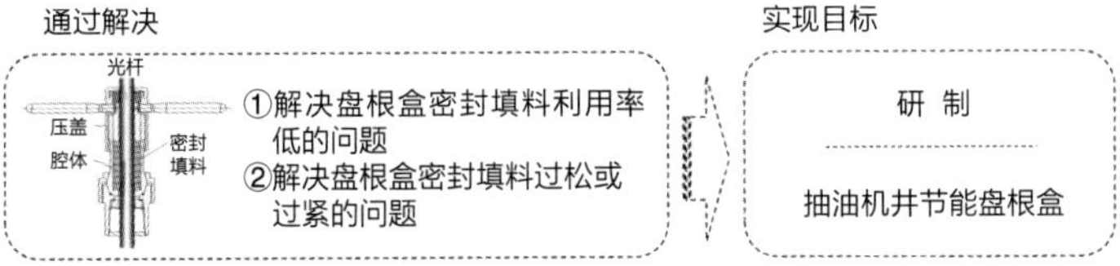


图 5-4 抽油机井解决密封填料漏油情况设定目标

## 二、定方案

### 1. 解决密封填料利用率低的问题

胶皮密封填料在上压盖的作用下产生膨凸现象，起到密封作用，而膨凸的部分经过抽油杆长期上下往复运动而磨损，密封效果变得越来越差，最终只得将剩余的 90% 未磨损的部分更换掉。密封填料密封效果差的主要原因是目前生产使用的“O”形密封填料压缩程度有限。如果将“O”形密封填料变成碎料密封填料的结构，就可以解决这个问题。通过解决生产难题的 8 种方法进行分析，发现可以综合利用其中的 4 种解决该问题（图 5-5）。利用变形法、拆分法将原有密封填料变成碎料密封填料，再将碎料密封填料与二硫化钼和废旧汽油混合后得到一种新型的密封填料，利用率可以提高到100%。

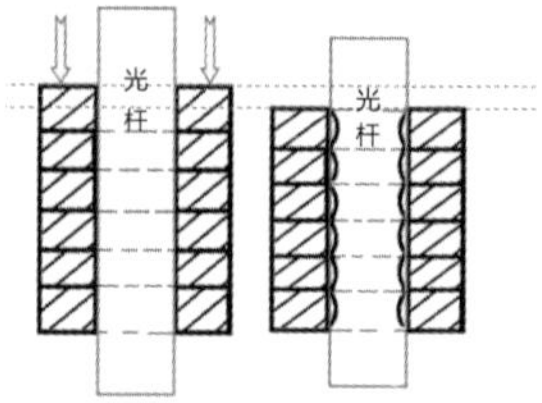


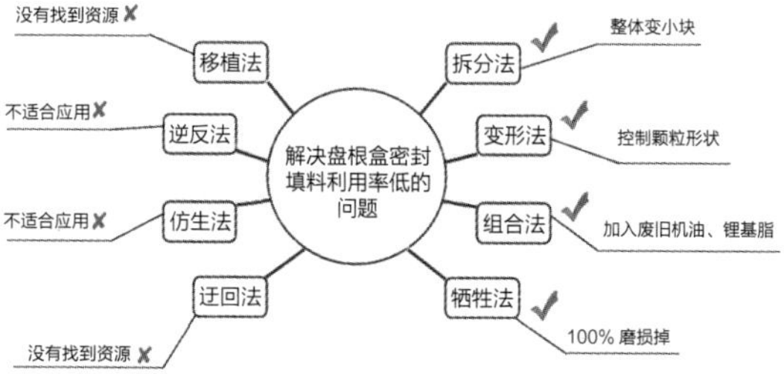


图 5-5　密封填料利用率低的问题及解决方案

## 2. 解决密封填料过松或过紧的问题

当密封填料盒内部压力在 100 ~ 150 千克力时，密封填料盒密封效果最好，产生微漏现象耗能最低。紧固密封填料盒在压帽时，将螺旋力变为抽油机井上格兰的一个正压力，去掉压帽后在格兰上面压 150 千克重物时的效果就是最佳状态。此时，密封填料盒的内部压力在上部重物的作用下始终保持恒定值。保持压力恒定值可以通过弹簧蓄能推进的原理来实现。用解决生产难题的 8 种方法进行分析，其中两种方法能够综合解决该问题（图 5–6）。将密封填料盒的压帽与弹簧进行组合，再通过密封填料盒压帽变形与格兰组合，可以达到最佳效果。为此，选定的最终方案是通过变形将弹簧与密封填料盒压盖组合，产生恒力推进解决密封填料松紧度难以控制的问题。

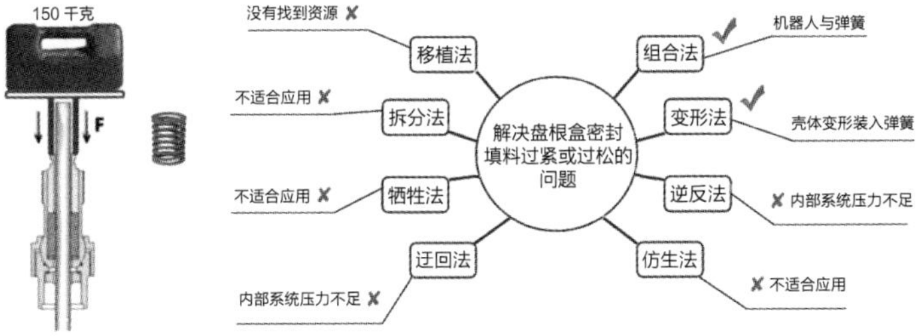


图 5–6　密封填料过松或过紧的问题及解决方案

### 三、保实施

为了解决以上问题，我们综合设计了 7 套图纸，其中确定优化整合 3 套，推广备案 2 套。我们多次召开专业会议讨论分析，确保方案的优选和实施工作，最终完善设计图纸 1 套（图 5–7）。

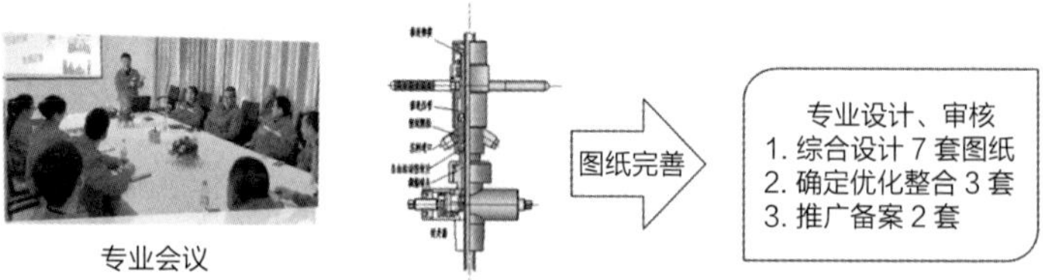


图 5-7　创新方案的实施保障措施

我们选择资质齐全、信誉良好并有多年油田服务经验的老厂家［图 5-8（a）］。经过多次申请，共得到支持资金 44 万元，资金上有充足的保障［图 5-8（b）］。

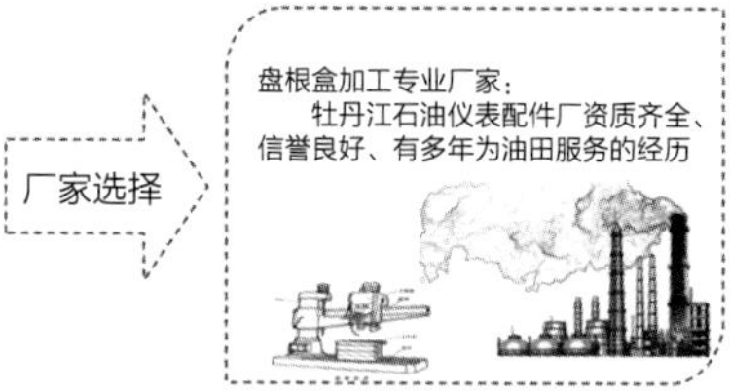


（a）盘根盒加工专业厂家

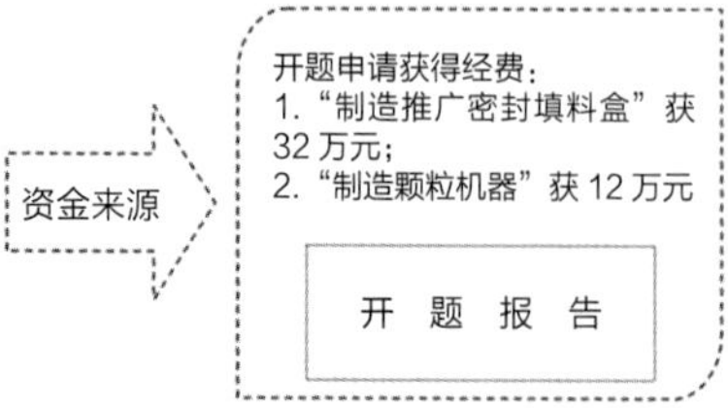


（b）开题申请经费

图 5-8　厂家的选择及资金来源情况

研发初期主要利用废旧密封填料和废旧皮带，用剪刀将其剪成小颗粒，再用二硫化钼和废旧机油进行混合制作成密封填料，逐渐摸索出合理的技术参数，获得满意的效果。经现场应用效果明显，实现密封填料利用率 100%，达到了节能降耗、降本增效的目的，平均单井能够节电 1500 千瓦时左右，延长了密封填料的使用周期，增加了产量，并且降低了工人的劳动强度（图 5-9）。

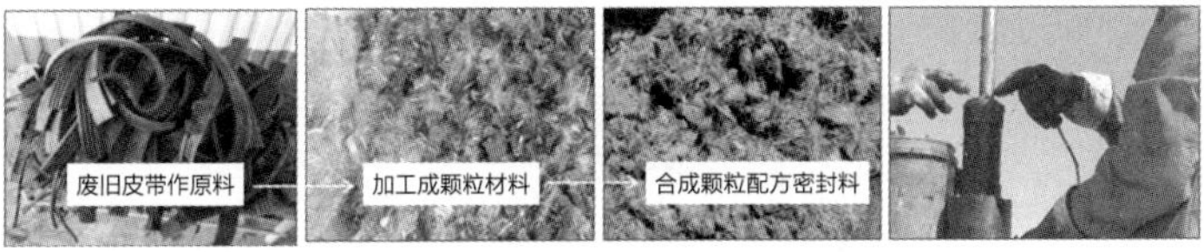


图 5-9　密封填料的制作和使用过程

然而在应用中出现了新的问题，企业对颗粒密封填料的需求日益增长，但是密封填料颗粒是工人用剪刀剪出来的，工作效率非常低，剪一口井的用料手就会被磨得起泡。如何解决这个问题呢？经讨论决定：用解决生产难题的 8 种方法中移植法和变形法来解决这个问题。通过移植法，移植一种新的技术，用机器代替人工，再通过变形法，让其达到技术参数要求，就可以解决问题（图 5-10）。

图 5-10　找出密封填料的生产问题及解决方案

此外，可以通过互联网寻找购置符合要求的切块机、剥粒机、搅拌机。购置的机器未达到设计使用参数要求的，可以通过继续改进使其达到要求。制作颗粒密封填料的程序：将收集来的废旧皮带用切块机进行切块，将切下来具有一定规格的小块皮带放入剥粒机，进行剥粒，将剥出的颗粒和线绳再放入搅拌机，掺入二硫化钼和废旧机油，搅拌均匀后，合格成品密封填料就生产出来了，最终实现了大规模生产、推广和应用（图 5-11）。

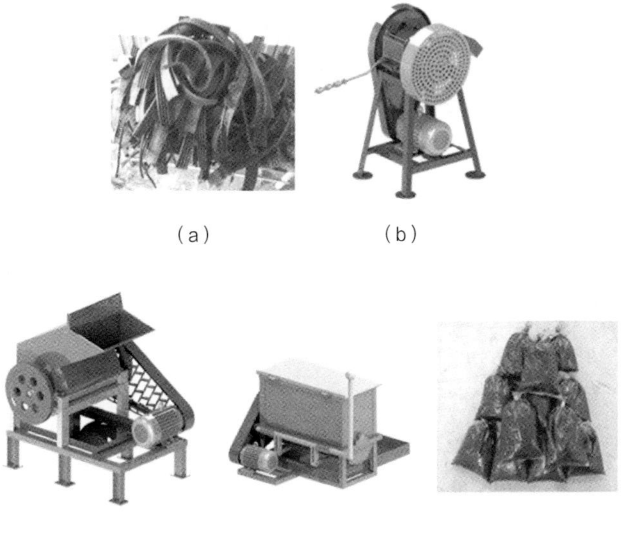

（a） （b） （c） （d） （e）

图 5-11 利用机器设备批量生产密封填料

同时利用弹簧压力公式得出弹簧的技术参数：线径 10 毫米，压力 120 ~ 150 千克力，活塞推进的距离为 20 毫米左右，再通过密封填料盒压帽螺纹的旋进作用，将弹簧压缩变形实现蓄能再推进（图 5-12）。

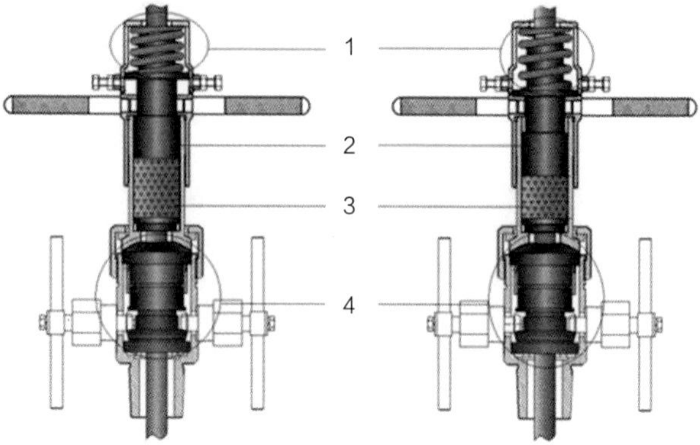


图 5-12 利用弹簧组合实现蓄能推进

1—弹簧蓄能机构；2—释能推进体；3—压缩密封腔体；4—封井器机构

## 四、善总结

节能密封填料盒经过现场应用达到了很好的效果，密封填料更换周期延长了 16 倍，单井节电达到 1500 千瓦时。我们经过现场摸索、应用及改进共研制出 3 种节能密封填料盒（图 5-13），申请发明专利 2 项，实用新型专利 5 项。

节能密封填料盒的设计实现了设定目标，并且获得了大庆油田“重大技术革新奖”特等奖，得到黑龙江省重点项目帮扶资金 5 万元、全国总工会重点项目帮扶资金 40 万元，成为 2018 年度大庆油田重点推广项目。2019 年 12 月，项目累计创造经济效益 2653 万元，预计每年创造经济效益 3000 万

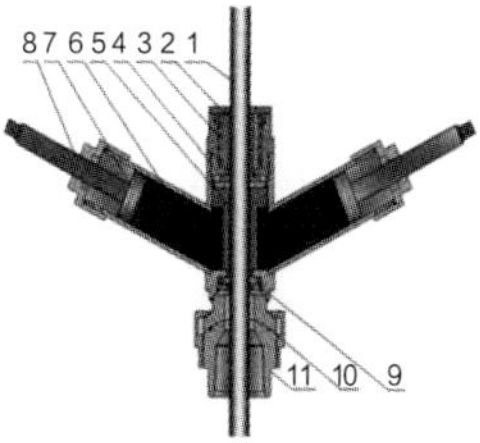


（a）第一代

1—光杆；2—上腔体压帽；3—清刷器；4—上腔体；5—耐磨密封料；6—密封颗粒；7—推进柱体；8—螺旋推进杆；9 活动垫片；10—密封圈；11—下部连接体

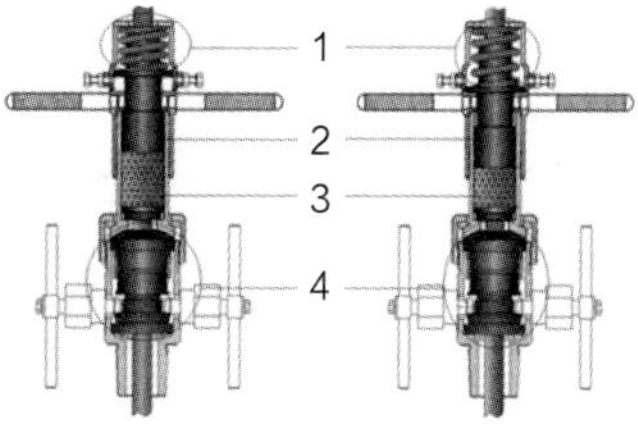


（b）第二代

1—弹簧蓄能机构；2—释能推进体；3—压缩密封腔体；4—封井器机构

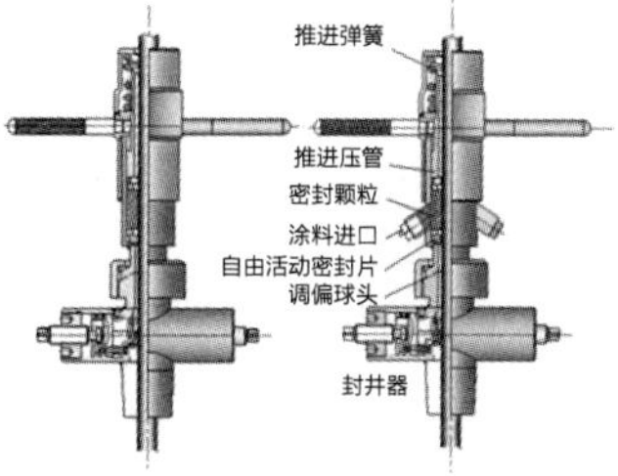


（c）第三代

图 5-13　节能密封填料盒改进完善过程

元以上，推广前景广阔（图 5–14）。

获得：大庆油田“重大技术革新奖”特等奖

得到：黑龙江省重点项目帮扶资金 5 万元
全国总工会重点项目帮扶资金 40 万元

推广：成为 2018 年度大庆油田重点推广项目
创效：目前累计创造经济效益 2653 万元

（a）获奖、推广、创效情况

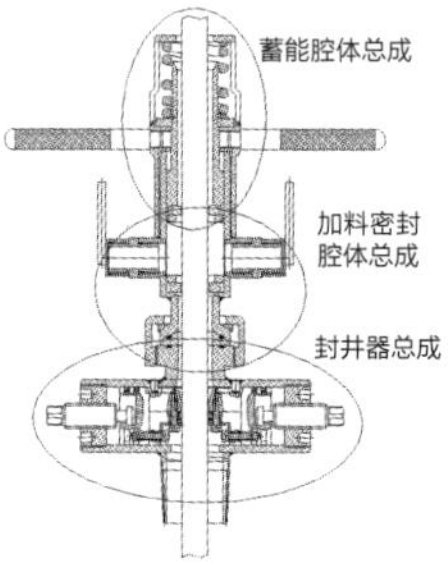


（b）产品结构图

（c）现场应用图

图 5–14 节能密封填料盒结构、获奖以及应用情况

## 第四节 感悟

“283”技术革新法历经 8 年归纳总结已相对成熟，在实际应用中发挥了较大的作用，帮助更多的员工解决了生产岗

位上存在的各种问题，使工作更安全、更环保、更有效率。“283”技术革新法只是创新中解决问题的一项工具，我们除了要掌握方法，还要做到以下两个方面。

（1）人们常说发现问题是创新的基础，可是怎样发现问题？问题又在哪里？不懂生产又何谈创新？所以说，要想真正做好技术创新，不仅要有敬业精神、吃苦精神、奉献精神，还要努力做到“三心二意”。

这里说的“三心”，主要指有爱岗敬业的热心、有解决技术难题的信心、有持之以恒科学攻关不放弃的恒心。在油田科学发展、和谐发展、持续稳产、永续辉煌的征程中，每个人都要立足岗位，提升各方面业务技能和素质，推进落实“三基”工作，践行职责和使命，珍惜企业给予的一切，并感恩企业，回报企业。技术革新不仅关系到个人的荣誉，更关系到企业的发展大计。解决的难题越多，企业的生产效率就会越高，经济效益也会提高，人们生活的幸福指数就会越来越高。常言道，态度决定一切。我们只有对技术革新感兴趣、热爱、痴迷，革新的灵感才会随之而来。我们进行革新充满着挑战和难度，也要经受体力、精力和耐力的多重磨砺，只要坚定信心，再苦再难都无法阻碍革新创效的脚步。

所谓“二意”，指的是树立两种意识：一是不断学习的意识，在解决生产难题过程中，需要学习新工艺、新设备。要发现问题、解决问题，更需要深入学习，不仅要掌握创造革新成果所需的基础知识，还要掌握其他辅助知识，例如机械制图、图像处理等，从而提高开展技术革新的能力和效率。二是不断探索的意识，在解决生产难题的过程中，总是不断地对自己提出为什么这样做、怎样做最好、还有哪些解决问题的好方法等一系列问题，使解决问题的思路更宽，方法更多，技术更加先进（图 5–15）。

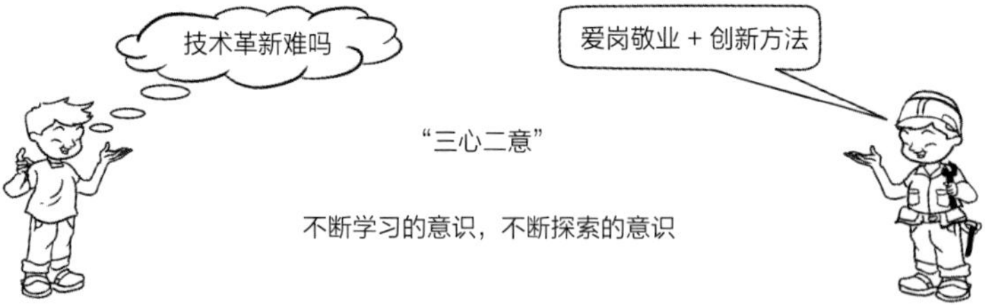


图 5–15 “283”技术革新法应用情况

（2）一项好的技术革新成果应体现出四个属性：安全性、新颖性、实用性、效益性，缺一不可。

安全性是技术革新的基础，缺少安全作为保障革新就毫无意义，革新者应为懂得安全生产的行家里手；技术革新成果必须是技术上先进，与众不同的，要防止重复研发现象发生，需要大家做好革新前的调研工作；每一项技术革新成果应该具有实用性，成果的来源是生产中出现的难题，有问题人们才想到要解决它，制定出解决方案，研发出革新成果，否则这项成果就没有实用价值；任何一种革新成果只有产生实际的经济效益，才是技术革新的最终意义。

# 第六章

## 『283』技术革新法应用案例

本章列举的两个实际生产案例，是大庆油田工人在实际工作中，使用“283”技术革新法解决问题的实际应用。

## 第一节 油井套管液满自动关闭器的研制

### 一、问题的来源和描述

采油井是油田中的重要生产设备，它的工作效率直接影响油田的生产和经济效益。然而在对一些高产井、扩边井、过渡带井的管理中存在难度，主要是少部分井被盗油现象较为严重。虽然加强了人为的生产管理，但是部分井仍然遭受破坏（图 6-1）。

图 6-1　生产现场实际情况

能否阻止盗油呢？最初，我们在采油井套管放空阀门的通道内安装了一个异形堵头［图 6-2（a）］，只有使用专用工具才能将其打开，安装后一个多月再也没发生过盗油现象，但却给测试工作带来了新的问题，测试工人在测试时需要拆卸堵头，增加了测试工作量。对此有人想出了很多解决办法，例如在套管放空阀门上安装仪器锁、防盗箱、丝堵等防盗工具［图 6-2（b）（c）］，短时间内效果都很好，但时间一长也相继被盗油分子破解了。经过长期技术攻关，大家认识到要想有好的防盗效果，必须要达到两个要求：一是防盗装置安装在井口，必须防砸、防破坏；二是在寒冷的冬季时，油水通过防盗器时不能发生冻结现象，在地面安装防盗器是无法实现的。

（a）异形堵头的应用

（b）现场应用的防盗措施

（c）防盗箱

图 6-2　异形堵头的现场应用

## 二、分析问题得到解决方案

### 1. 提出解决方法

首先运用解决生产难题的 8 种方法进行分析，确定了 3 个解决方法对应的 12 个解决方案。

（1）迂回法

对油井套管液满自动关闭器用迂回法进行分析统计（表 6–1）。

**表 6–1 油井套管液满自动关闭器迂回法分析统计**

| 方案 | 方案内容 | 条件分析 | 可行性判断 |
|---|---|---|---|
| 方案一 | 防盗阀门安装在四通内 | 需要重新设计、防冻强、防盗弱 | 弱 |
| 方案二 | 防盗阀门安装在套管内 | 需要重新设计、防冻强、防盗强 | 强 |
| 方案三 | 防盗阀门安装在动液面以上 | 需要重新设计、技术参数不易掌握 | 中 |
| 方案四 | 防盗阀门安装在房子内 | 资金投入高 | 中 |

（2）移植法

对油井套管液满自动关闭器用移植法进行分析统计（表 6–2）。

**表 6-2　油井套管液满自动关闭器移植法分析统计**

| 方案 | 方案内容 | 条件分析 | 可行性判断 |
|---|---|---|---|
| 方案一 | 引进新型控制技术、装置 | 成型技术，需查阅调研 | 强 |
| 方案二 | 高强度材料 | 高成本投入 | 中 |
| 方案三 | 成型自动热源加温系统 | 高成本投入 | 弱 |
| 方案四 | 引进跨行业新型钥匙 | 没有查询到新型钥匙 | 弱 |

（3）变形法

对油井套管液满自动关闭器用变形法进行分析统计（表6-3）。

**表 6-3　油井套管液满自动关闭器变形法分析统计**

| 方案 | 方案内容 | 条件分析 | 可行性判断 |
|---|---|---|---|
| 方案一 | 改变壳体结构 | 防盗强、防冻弱 | 中 |
| 方案二 | 改变闸板结构 | 防盗强、防冻弱 | 弱 |
| 方案三 | 改变丝杠结构 | 防盗强、防冻弱 | 弱 |
| 方案四 | 改变整体结构 | 重新设计、满足防盗和防冻需求 | 强 |

### 2. 确定最佳方案

（1）利用迂回法的解决方案是将设计的防盗油阀门由地面转移到套管内，实现了防盗、防冻的目的。

（2）再通过移植法引进一项新技术或新成果，解决套管内的结构设计问题（需要查询技术是否侵权，可与专利权方共同开发项目）。

（3）为了满足井下特殊结构的应用要求，通过变形法完成成果整体形状设计，满足井下安装使用要求。

**3. 寻找充足的资源**

在实际生产中使用的管柱分为两种，一种是常用的普通管柱，油管处于套管的中心位置；另一种是偏心管柱，油管不在套管的中心。也就是说，完成两种型号管柱的设计，才能满足所有井的防盗需求。

在查找阀门和防盗产品的资料时，我们发现移植使用 250 阀门的原理可以满足正常井的防盗需要。250 阀门的关闭是通过两个口环和闸板实现的，给闸板施力实现进入或拉出，靠口环与闸板的侧平面实现密封，这种密封方式可以满足套管环形空间的密封要求。利用这一技术，将口环式设计原理变形放大，转入套管环形通道，将其封死，同时在变形的口环上设计孔洞通道，满足各种作业需求，再将闸板设计成能够套在油管上的滑片，利用液体的向上喷力产生运动，把上部的通孔盖住以阻断油气的通道，实现自动关闭（图 6–3）。

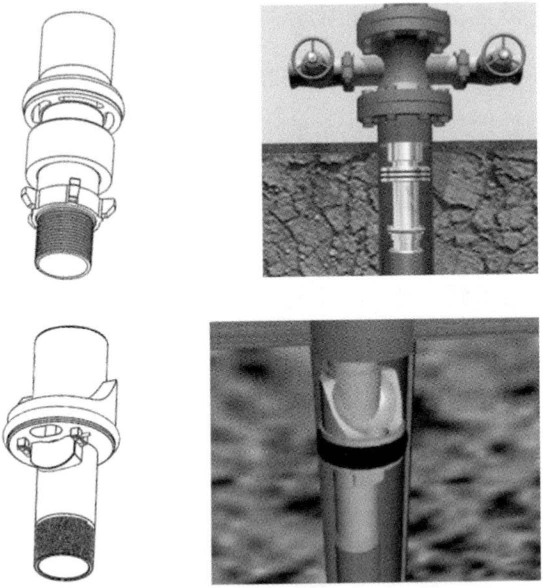

图 6-3　现场应用设备原理

偏心井环形空间的防盗设计比较特殊，相对较为复杂，没有可供参考的设计原理，需要设计一套偏心封堵技术，既能满足生产测试的要求，又能实现自动关闭通道。依据普通井的口环式设计原理，将偏心环形空间封死，在环形空间体积最大的一面设计一个能够满足测试仪器通过的通孔，实现封堵阀座设计，这时通孔如何关闭是设计中的关键问题。以前，为了防止抽油机井断杆喷油事故，设计了翻板式密封填料盒，就是利用光杆断脱后，液体的向上喷力携带翻板发生转动，将光杆通道封死，达到防喷的目的，通过技术移植，解决偏心井设计的资源问题。

## 三、成果的完成、应用及效益

该项目最终选择两套解决方案，获得厂科研经费 3.2 万元，通过不断改进，已经设计出 6 种型号的防盗设备，能够满足各类油井套管防盗油的需求（图 6–4）。截至 2019 年 12 月，成果在大庆油田已推广 2 万多套，为企业减少经济损失 1.8 亿元，经济效益巨大，推广前景广阔。

用于产气大井 （a）滑道式
用于高产液井 （b）滑片式
用于低温度井 （c）长颈式
用于产气低井 （d）浮子式
用于压力高井 （e）解封式
用于偏测压井 （f）偏心式

图 6–4　6 种型号防盗设备

## 第二节　胀开式抽油机电动机皮带轮拔轮器的研制

### 一、问题的来源和描述

抽油机井调整冲次是通过更换电动机皮带轮的大小来实现的，由于电动机皮带轮、轴套与电动机轴之间存在配合间隙，易产生锈蚀，工人拆卸皮带轮费时、费力，工作效率低，使用现有的拔轮器拆卸不仅效率低还容易把电动机皮带轮的边缘拉坏，维修工人大多使用斜铁、大锤等工具，存在斜铁伤人的安全隐患。

经现场调研发现，由于在用的电动机皮带轮直径较小，正常规格的拔轮器不适用，工人若用斜铁砸还存在安全隐患，甚至会砸坏电动机端盖，损坏电动机（图 6-5）。对此大家都觉得很委屈，工人们想：不但活儿没少干，而且还要扣奖金，不值得。因此个别工人对这类小皮带轮的更换工作以干不了为由直接拒绝。

怎样才能避免皮带轮被拔轮器拉坏和电动机被斜铁砸坏呢？通过仔细观察发现，皮带轮被拔轮器拉坏是由于拉钩与皮带轮的接触面积过小造成的，能否重新设计电动机皮带轮

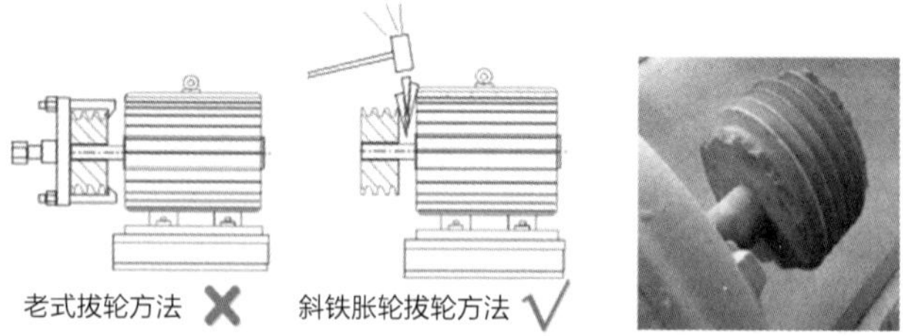


图 6-5　现场更换皮带轮情况

拔轮器呢?

## 二、分析问题得到解决方案

### 1. 提出解决方法

通过前期调研，我们找到了问题的根源，明确了方案的设计方向，确定了 2 个解决方法对应的 4 个解决方案。

（1）移植法

对胀开式抽油机电动机皮带轮拔轮器用移植法进行分析统计（表 6–4）。

**表 6–4　胀开式抽油机电动机皮带轮拔轮器移植法分析统计**

| 方案 | 方案内容 | 条件分析 | 可行性判断 |
| --- | --- | --- | --- |
| 方案一 | 设计上沿用斜铁的胀开原理 | 技术成熟，方案可行 | 强 |
| 方案二 | 引进弹簧的回位技术 | 技术成熟，方案可行 | 中 |

（2）变形法

对胀开式抽油机电动机皮带轮拔轮器用变形法进行分析统计（表 6–5）。

**表 6–5　胀开式抽油机电动机皮带轮拔轮器变形法分析统计**

| 方案 | 方案内容 | 条件分析 | 可行性判断 |
| --- | --- | --- | --- |
| 方案一 | 将拉爪设计成平面接触 | 重新设计，方案可行 | 强 |
| 方案二 | 改变构造安装斜铁 | 重新设计，方案可行 | 强 |

**2. 确定最佳方案**

（1）利用移植法的解决方案是在新设计的电动机拔轮器上运用斜铁胀开技术原理，提高电动机皮带轮效率。

（2）通过变形法将斜铁设计在顶丝部位，助力拔轮效果，通过改变拔轮器与电动机的接触面积，分散局部力量，确保电动机皮带轮不被损坏，满足生产的需要（图 6–6）。

**3. 方案设计成果**

胀开式电动机皮带轮拔轮器由击打斜铁、螺纹顶丝、回位弹簧和皮带轮扣头部件组成（图 6–7），将斜铁胀开式原理与拔轮器原理有机结合在一起。调整参数时，首先将皮带轮扣头套入电动机皮带轮上，用螺纹顶丝把电动机轴顶牢，把斜

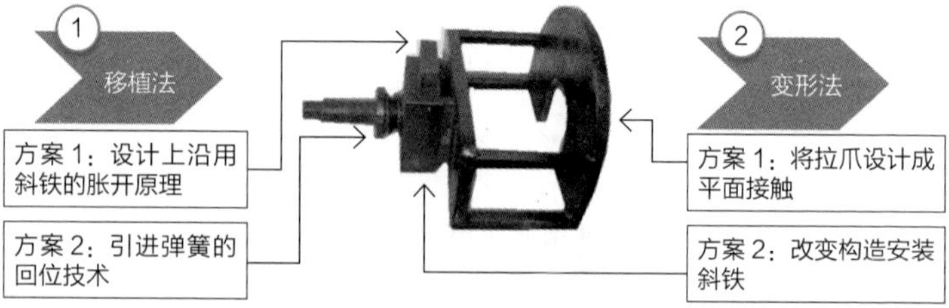


图 6-6　胀开式抽油机电动机皮带轮拔轮器——创新方法应用

铁安装在顶丝和皮带轮扣头之间，用大锤击打斜铁，使电动机皮带轮与电动机轴之间产生相对位移，将电动机皮带轮卸下（图 6-8）。该拔轮器适用直径 Φ120 ~ Φ200mm 电动机皮带轮。

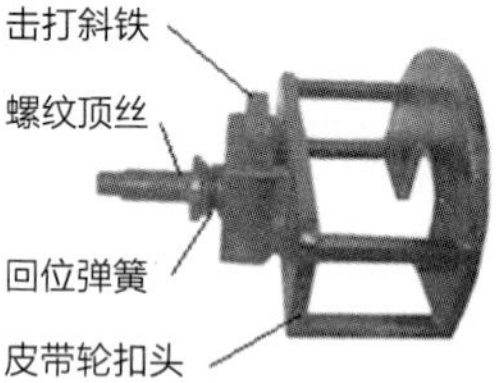


图 6-7　拔轮器的结构

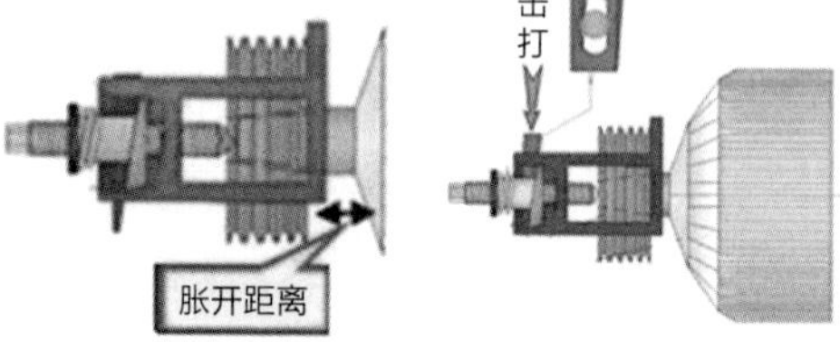


图 6-8　拔轮器的原理

### 三、成果的应用

该项成果在大庆油田第四采油厂推广 100 套，操作方便快捷，拆卸皮带轮成功率 100%，既能防止皮带轮损坏，又能降低工人劳动强度，提高工作效率，具有较好的经济效益和社会效益（图 6-9）。

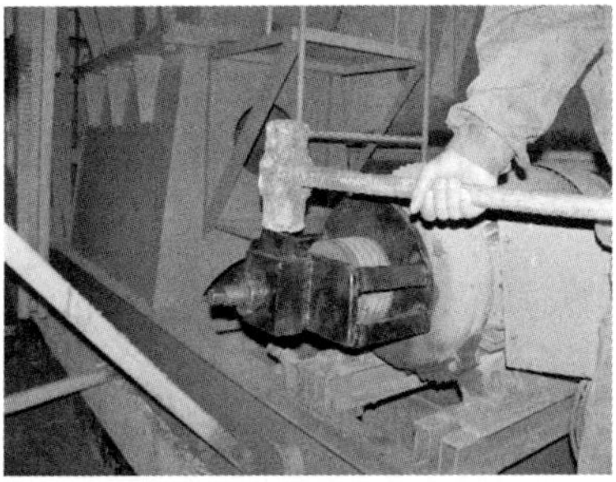

图 6-9　胀开式电动机拔轮器应用

**图书在版编目（CIP）数据**

“283”技术革新法 / 段福海主编. —北京：中国工人出版社，2022.4
（新时代工匠创新法丛书）
ISBN 978-7-5008-7829-2

Ⅰ.①2… Ⅱ.①段… Ⅲ.①创造学－研究 Ⅳ.①G305

中国版本图书馆CIP数据核字（2022）第056197号

“283”技术革新法

出 版 人　董　宽
责任编辑　习艳群　唐寅兴
责任校对　张　彦
责任印制　栾征宇
出版发行　中国工人出版社
地　　址　北京市东城区鼓楼外大街45号　邮编：100120
网　　址　http://www.wp-china.com
电　　话　（010）62005043（总编室）
　　　　　（010）62005039（印制管理中心）
　　　　　（010）82027810（职工教育分社）
发行热线　（010）82029051　62383056
经　　销　各地书店
印　　刷　北京美图印务有限公司
开　　本　787毫米×1092毫米　1/32
印　　张　5.75
字　　数　94千字
版　　次　2022年9月第1版　2022年9月第1次印刷
定　　价　35.00元